미리 알았더라면 좋았을
초등 공부 전략

미리 알았더라면 좋았을
초등 공부 전략

1판 1쇄 펴냄 2026년 1월 30일

지은이 이지은(지니쌤)
발행인 김병준 · 고세규
발행처 상상아카데미
편집 박준영 · 이지혜
디자인 백소연
마케팅 김유정 · 신예은 · 최은규

등록 2011. 3. 11. 제313-2010-77호
주소 서울시 마포구 독막로6길 11, 2, 3층
전화 편집 02)6953-7790, 영업 02)6925-4188 팩스 02)6925-4182
전자우편 main@sangsangaca.com 홈페이지 http://sangsangaca.com

ISBN 979-11-93379-73-8(03590)

미리 알았더라면 좋았을

초등
공부 전략

중·고등 학부모가 놓쳐서 후회하는
초등 생활의 모든 것

이지은(지니쌤) 지음

상상아카데미

일러두기

- 일부 일화는 경험을 바탕으로 재구성한 것임을 미리 일러둡니다.
- 초등학교는 초등, 중학교는 중등, 고등학교는 고등으로 표기하였습니다.

아무도 말해 주지 않은 이야기

건너뛰지 마세요! 여기부터가 이야기의 시작입니다. 이 책을 읽고 있는 여러분은 아마도 아이가 초등 생활을 앞두고 있거나 이미 시작한 학부모님들이시겠지요? 저는 영어 교과서를 기획하고 편집해 온 영어 교육 전문가이자, 두 딸을 키우는 워킹 맘입니다. 오랫동안 교육과정을 살피는 일을 하며 아이들의 학습에 무엇이 중요하고, 무엇이 중요하지 않은지를 잘 알고 있었습니다. 그리고 눈앞에 닥친 것보다 멀리 내다볼 줄 아는 지혜가 필요하다는 것도 누구보다 잘 알고 있었습니다.

저는 다른 부모들에 비해 불안감을 줄이고 제대로 나아가는 법을 알고 있다고 생각했습니다. 하지만 제가 아는 정보들을 우리 아이들에게 대입했을 때 어떤 결과일지는 예상하지 못했습니다. 저도 엄마는 처음이었으니까요. 저는 전문가라는 타이틀과 엄마라는 타이틀 사이에서 오랜 시간 고군분투했습니다.

아이마다 다른 속도와 성향이 큰 변수였습니다. 아이의 성적이 오르지 않을 때의 불안함, 뒤처지는 것 같은 조급함은 전문가인 저에게도 예외 없이 찾아왔습니다. 머리로는 기다려 줘야 한다는 것을 알면서도 마음만 자꾸 앞섰습니다. 아이들에게 쓸 수 있는 시간에도 한계가 있었고요. 초등부터 시작하는 긴 학습 로드맵을 이해하는 저도 그러한데, 이를 모르고 아이를 키우는 부모들은 얼마나 막막할까 하는 생각이 들었습니다. 실제로 강연장이나 유튜브 댓글로 이런 막연한 불안감에 대해 질문하는 분들을 자주 만납니다. 그때마다 전문가로서의 조언과 엄마로서의 조언 중 어떤 것을 드려야 할지 자주 갈등했습니다.

어느 명절에 고등 진학을 앞둔 조카와 이야기를 나눌 기회가 있었습니다. 제가 교육 전문가로 활동하다 보니 조카는 저를 만날 때마다 이런저런 궁금한 것들을 묻곤 했거든요. 그런데 그날은 조금 심각했습니다.

"제가 고등학교에서도 공부를 잘할 수 있을까요?"

그 질문에는 누구에게, 어떻게 도움을 청해야 할지 몰라 불안한 조카의 마음이 담겨 있었습니다. 하지만 조카의 부모님은 아이를 정서적으로 안정감 있게 잘 키운 훌륭한 분들입니다. 그저 학업적인 부분에서는 아이가 하고자 하는 대로 지켜보고 크게 개입하지 않는 스타일이었을 뿐이지요. 조카는 여러 예외 상황이 발생하는 입시를 앞두고 보다 정확한 조언이 필요했던 것입니다.

그래서 조카의 구체적인 학업 상황을 듣고 이런저런 조언을 해주었습니다. 그리고 그 내용을 유튜브 영상으로 정리했는데, 많은 분들이 공감해 주셨습니다. 그때 전문가로서 객관적인 정보를 알려 드릴 수도 있고, 엄마로서 다소 주관적일지라도 모두가 궁금해할 이야기를 전할 수 있겠다고 생각했습니다.

부모들을 위해 '초등 아이가 크기 전 미리 알았더라면 좋았을 것들'에 대한 이야기를 정리해 보았습니다. 지방에 사는 전교 1등은 수능 최저 점수를 맞추지 못해 좋은 학교에 못 가고, 대치동 학생들은 안 해도 될 선행을 하느라 몸과 마음이 아픕니다. 지방에 사는 전교 1등에게 바뀐 입시에 대한 정확한 정보와 선행 학습에 대한 조언이 있었다면 어땠을까요? 대치동 학부모님들은 공교육 이야기에 조금 더 귀를 기울였다면 어땠을까요? 정보의 부재도 정보의 과잉도 모두 문제입니다.

'전문가란 자기 주제에 관해서 저지를 수 있는 모든 잘못을 이미 저지른 사람이다.'라는 닐스 보어*의 말을 떠올리며 고개를 끄

덕였습니다. 자녀를 키우며 수많은 시행착오를 겪는 모든 부모야말로 자녀 교육 전문가니까요. 그렇기에 저는 엄마의 입장에서 전문가의 조언을 한 스푼 얹어 여러분께 이야기를 전하고자 합니다.

아이들이 마주할 세상이 얼마나 치열한지 잘 알기에 부모의 마음은 무겁습니다. 부모의 역할은 아이를 억지로 끌고 가는 것이 아니라, 스스로 일어설 수 있도록 곁에서 균형을 잡아 주는 일이라고 믿습니다. 아이를 끝까지 믿고 지켜봐 주세요. 이 책이 변화하는 교육 환경 속에서 불안한 학부모들에게 최소한의 방패이자, 내 아이를 지켜 주는 든든한 무기가 되기를 바랍니다. 더 나아가 공교육과 사교육의 틈이 조금이나마 메우는 계기가 되기를 바랍니다.

이지은(지니쌤) 드림

---

*   닐스 보어(Niels Henrik David Bohr, 1885~1962). 덴마크의 물리학자.

차례

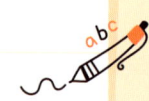

3장 | 영어 실력을 키우는 반복의 힘

4장 | 수학을 탄탄하게 하는 개념의 힘

5장 | 사회, 과학의 깊이를 더하는 호기심의 힘

6장 | 중등 생활을 결정하는 태도의 힘

1장

초등 생활을
바꾸는 습관의 힘

초등 때 습관이
초중고를 결정짓는다

"선생님, 초등 아이를 위해 집에서 무엇을 해 주어야 할까요?"

하루가 다르게 자라는 아이를 보는 부모의 마음은 늘 불안합니다. 때로는 방향을 잃은 것 같기도 하지요. 초등 학부모님께 가장 먼저 묻고 싶습니다.

"우리 아이, 올바른 습관을 갖추고 있나요?"

초등 시기에 형성한 습관은 아이들의 평생을 좌우할 만큼 중요합니다. '습관'을 뜻하는 영어 단어 '해빗(habit)'의 어원은 라틴어에서 왔습니다. to have, to hold의 뜻인 '지니다', '가지다'에서 온 말로 '오랜 시간 반복되어 몸에 밴 행동'을 의미합니다. 습관에는 가정의 문화가 스며듭니다. 가정의 문화는 부모의 언행, 삶을 대하는 태도, 식습관 등 모든 요소가 포함되어 형성됩니다.

흔히 습관을 '루틴(routine)'과 같다고 생각하는 경우가 많습니다. 루틴은 '규칙적인 하루 일정이나 반복되는 절차'를 의미합니다. 결국 습관이 형성되어야 그에 맞는 루틴이 생기는 것입니다.

초등 시기에 올바른 습관이 형성되어야 하는 이유에는 명확한 근거가 있습니다. 이 시기는 자기 조절력을 기르고, 자기 효능감의 뿌리를 만드는 때입니다. 이때 아이에게 어떤 습관과 문화를 만들어 주는가는 매우 중요합니다. 시간과 노력을 들여 아이와 건강한 관계를 형성하고 삶의 리듬을 맞춰 주세요. 아이마다 타고난 기질이 있지만, 두 번째 성격을 만들어 준다는 마음으로 습관을 만들어 주세요.

부모에게서 자라는 아이의 습관

강의를 하면 이런 질문을 많이 받습니다. "선생님, 어떤 루틴이 좋은가요?", "어떤 루틴이 필요해요?" 앞서 말씀드렸지요? 루틴 이전에 올바른 습관을 먼저 만들어 주어야 합니다.

아이의 습관은 부모가 무엇을 더 중요하게 생각하느냐에 따라 달라집니다. 어떤 가정은 예술에, 어떤 가정은 운동에, 어떤 가정은 학습에 무게를 둘 겁니다. 아이가 어려서 특정 분야보다는 식사, 수면, 예절 등 생활 습관에 집중하는 가정도 있을 테고요. 우리 아이가 어떤 아이로 자라기를 바라는지 충분히 고민하고, 내가 부모로서 스트레스 받지 않고 지지해 줄 수 있는 범위를 확인하는 것이 첫 번째 과업입니다.

미래를 위한 최소한의 규칙

저희 가족은 코로나가 유행하던 시기에 과감하게 서울을 벗어나 시골로 향했습니다. 시골 생활을 시작하면서 기존의 생활 습관을 기반으로 새로운 환경에 맞게 루틴을 수정해 갔습니다. 누군가는 농촌 유학을 그저 휴식이라고 생각할 수 있지요. 도시의 쳇바퀴도는 답답한 일상에서 벗어난 것은 맞지만, 아이들이 학생이라는 사실은 변함이 없었습니다. 저와 아이들은 시간을 어떻게 보낼지 함께 상의했습니다.

시골 생활은 도시 생활과 물리적 환경부터 달랐습니다. 아이들이 학업에 많은 시간을 집중할 수 있는 분위기도 아니었죠. 저는 시골이라는 특수 상황에 독서실 책상을 들여 최소한의 학습 공간을 마련하고, 학교 가기 전과 다녀온 후에는 정해진 양을 학습하게 했습니다. 그렇게 해도 서울에서 바쁘게 학원에 다니며 밤 늦게까지 숙제를 하던 때보다 훨씬 여유롭고 소중한 시간이었습니다. 게다가 시골의 밤은 아주 깜깜해서 일찍 잠자리에 들었고, 읍내와 거리도 멀어 야식도 자연스럽게 줄었습니다. 새소리를 들으며 상쾌하게 일어나 글을 쓰거나 시를 외우기도 했습니다. 이러한 루틴으로 아이들의 학업 공백을 최소화할 수 있었습니다. 부모의 철학만 확고하다면 누구나 충분히 할 수 있습니다.

초등 저학년 시기를 습관과 규율 없이 보낸다면 아이가 크고 나서 습관과 규율을 잡기란 어렵습니다. 초등 저학년 학부모님 중 아이를 자연 속에서 지내게 하려고 시골에 왔다며 아이에게 규칙을 가르치지 않는 경우가 종종 있습니다. 물론 돌아가야 할 시간과 장소가 정해져 있으므로 긴 여행처럼 자유를 만끽하고 싶은 마음은 이해합니다. 하지만 인간은 원래 무질서를 좋아합니다. 질서 속에서 살아가기 위해서는 많은 것을 참고 희생해야 하죠. 다시 일상으로 복귀해야 할 날을 위해 어떠한 상황이든 최소한의 규칙은 만드는 것이 좋습니다.

습관은 사춘기를 위한 보험

올바른 습관은 다가올 사춘기를 위한 최소한의 보험입니다. 우리 아이의 사춘기를 상상하기 힘든 저학년 학부모님도 예방 차원에서 귀 기울여 주세요. 어떤 아이든지 언젠가는 사춘기를 맞이합니다. 우리는 아이들의 사춘기가 수월하게 지나갔으면 합니다. 이때 어린 시절부터 지켜 온 습관이 있다면 사춘기를 잘 보내는 데도 도움이 됩니다.

사춘기가 찾아와 반항기가 시작되면 아이들은 기존의 질서를 무너뜨리려고 합니다. 하지만 올바른 습관이 몸에 밴 아이들에게는 그 영향이 크지 않습니다. 사춘기가 오면 부모님이 선제적으로 가정의 울타리를 넓혀 주세요. 그럼 아이들도 숨통이 트일 것입니다.

"원래 우리 집은 주 1회 책을 읽어.", "원래 우리 집은 일요일이면 온 가족이 운동을 하고 함께 점심을 먹어.", "원래 우리 집은 토론 노트를 만들어."처럼 '원래 우리 집'에 바라는 모습을 구체적으로 생각해 보세요. 그리고 사춘기가 왔을 때 보험처럼 꼭 타서 쓰세요.

초등 글씨체,
대입까지 간다

"제 아이지만 글씨를 하나도 못 알아보겠어요."

"남자아이라서 악필인 걸까요?"

"집에서 아이 글씨체를 고쳐 보려고 애썼는데, 잘 안되더라고요."

이제 막 글씨 쓰기를 배우기 시작한 자녀를 둔 부모님의 푸념이 아닙니다. 고등 자녀를 둔 부모님들의 고민입니다. 초등 학부모가 미리 알아 두면 좋은 이야기가 '글씨체'라니 의아할 수도 있습니다. 너무 당연한 것이니까요. 하지만 바른 글씨는 초등 시기에 길러야 할 첫 번째 습관입니다.

아이들은 매일 글을 씁니다. 자신의 생각을 쓰고, 배운 내용을 정리하지요. 학생 시기에 글씨를 바르게 쓰는 일은 중요합니다. 특히 초등 시기는 글씨체를 다듬을 수 있는 결정적인 시기라는 걸 꼭 기억하시면 좋겠습니다.

글씨 쓰기는 아이들이 자라는 과정

저는 두 아이를 키우는 엄마입니다. 어린 시절 큰아이는 또래들이 하는 미술 활동에 적극적이지 않았습니다. 당시 저는 단순히 '우리 아이는 미술 활동에 관심 없는 성향이구나.'라고 생각했어요. 사실은 다섯 살 때부터 안경을 쓸 만큼 아이의 시력이 좋지 않았기 때문이었는데 말이죠. 이 시기의 경험은 큰아이의 성장에 적지 않은 영향을 미쳤습니다. 유아기에 소근육 발달이 충분히 이루어지지 않다 보니 큰아이는 학년이 올라가서도 글씨 쓰기, 가위질 등에 어려움을 겪었습니다.

아이들이 악필인 이유가 소근육 때문이라는 이야기는 아닙니다. 글씨 쓰기는 운동 능력, 언어, 사고 등이 통합되는 중요한 발달 경험입니다. 단순히 글씨 모양이 예쁘고 안 예쁘고의 문제를 떠나 글씨를 쓰는 과정은 뇌 활동과 관련이 깊습니다. 아이들이 글씨 쓰기를 힘들어하는 이유에는 여러 가지가 있습니다.

중학생이 되면 태블릿 PC에 필기하는 게 더 편하고 멋있어 보입니다. 그러나 종이에 조직화해서 필기하는 연습이 충분히 이루어지지 않은 아이들이 바로 태블릿 PC를 쓰면 어떨까요? 디지털 기기 활용 능력은 시대 변화에 따라 필요한 역량이지만 글씨체를 잡는 과정에서는 오히려 독이 될 수도 있습니다.

아이들이 글씨 쓰기를 힘들어하는 이유
• 소근육이 충분히 발달하지 않아서
• 글씨를 크게 쓰는 것에만 익숙해져서
• 디지털 환경이 만든 쓰기 근육의 약화로
• 숙제나 과업을 빨리 끝내고 싶어서

대입까지 영향을 미치는 글씨체

우리는 낯선 사람을 만나면 처음 보는 이미지로 판단합니다. 그래서 첫인상을 무시하지 못하지요. 글씨도 첫인상과 같습니다. 때로 선생님은 글씨체에서 학생의 학업 능력을 유추하기도 합니다. 학생에 대한 첫인상이 글씨체인 경우가 많기 때문입니다. 글씨를 잘 써서 손해 볼 일은 없다는 것이죠.

중학생이 되면 수행평가와 서술형 평가가 기다리고 있습니다. 대부분 손으로 써 내야 합니다. 만약 제출한 수행평가나 서술형 평가 답안의 가독성이 떨어지면 어떨까요? 선생님도 사람인지라 학생들에게 후한 점수를 주고 싶어도 고민할 수밖에 없습니다. 고등

학교에 진학하면 상황은 더 심합니다. 고등학교에서는 상대 평가가 적용되기 때문에 지나치게 알아보기 힘든 답변이라면 감점 처리가 될 수도 있습니다.

한글 쓰기의 잘못된 습관

- ㄷ을 흘려 쓰면 ㄹ처럼 보일 수 있습니다.

  ⑳ 다리 → 라리

- 'ㅁ, ㅂ, ㅍ', 'ㄱ, ㅋ', 'ㅈ, ㅊ', 'ㅇ, ㅎ'은 획 하나 차이로 다른 단어로 보일 수 있습니다.

  ⑳ 밥 → 밤, 차 → 자, 꽃 → 꽃, 좋아 → 종아

- ㅗ나 ㅜ의 길이를 지나치게 짧게 쓰거나 길게 쓰면 비율이 어색해져 알아보기 힘들어집니다.

영어 쓰기의 잘못된 습관

- 'Cc, Kk, Oo, Pp, Ss, Uu, Vv, Ww, Xx, Zz'처럼 대소문자의 모양이 같은 경우, 대문자로 써야 하는 곳에 소문자를 쓰는 경우가 있습니다.

  ⑳ What are you doing? → what are you doing?

  Seoul is a very big city. → seoul is a very big city.

  I'm from Korea. → I'm from korea.

대문자 C

To. chamel on   (이름은 대문자)

Hi! chamelon, My name is min
                              M

- a와 u, y를 비슷한 모양으로 써서 틀리는 경우가 있습니다.

  예 crayon(크레용) → cruyon

                a (나로 보이지 않게)
To. Red cruyon
Hi I'm asking you to our people are more
tired than you.

- 영어는 단어 단위로 띄어 써야 하는데 띄어쓰기를 잘못하는 경우가 있습니다.

글씨체는 대입에도 영향을 미칩니다. '수능은 객관식 아닌가 요?'라고 생각할 수 있습니다. 대입 전형 중에는 '논술 전형'이 있 습니다. 대입 전형의 평가 과정이 매우 빠르게 진행되는 것은 알고 계시지요? 논술 전형은 답안을 빠르게 채점하고 결과를 내는 평가 방식입니다. 여러분이 논술 답안을 채점한다면 어떤 글이 더 눈에 들어올지 생각해 보세요.

반듯한 글씨체로 쓰인 글도 논리 구조를 파악하고 오류를 확인하는 데 많은 시간이 소요됩니다. 피곤한 과정이고요. 잘 읽히지 않는 글을 최선을 다해 읽고 논리 구조를 검증할 친절한 채점자는 드물지요. 악필이라는 이유만으로 감점되지는 않겠지만, 정돈되지 않은 글씨체가 평가 과정에 불리하게 적용될 수 있다는 점은 분명합니다. 읽기 좋은 글씨에는 한 번 더 눈길이 갑니다. 따라서 글씨체를 충분히 다듬을 수 있는 초등 시기부터 가정에서 꾸준히 관심을 가지고 지도해 주세요.

글씨를 잘 쓰는 연습

처음에는 글씨를 천천히 쓰는 연습이 필요합니다. 천천히 또박또박 쓰다 보면 글씨 크기와 간격을 일정하게 맞출 수 있거든요. 초등 저학년의 경우에는 글씨를 '그린다'고 표현합니다. 바른 글씨를 따라 그리고 흉내 내는 연습을 하지요. 하지만 이 시기를 지나 자유롭게 글을 쓰면서 글씨체가 엉망이 되는 경우가 많습니다. 떠오르는 생각을 글로 빠르게 옮겨 적기가 어렵기 때문입니다.

저학년 시기에는 '깍두기 공책'이라고 부르는 8칸 또는 10칸 공책을 활용해 보세요. 한글은 자음과 모음의 조합이 균형 있게 창제된 글자이므로 일정한 크기로 글씨 쓰는 연습이 필요합니다. 영어도 마찬가지로 처음에는 반드시 4선지 영어 노트에 글씨를 쓰도록 해 주세요.

고학년이 되면 저학년 때 익힌 큰 글씨가 짐이 됩니다. 학년이 올라가면 줄 간격이 10~12mm 정도인 노트를 주로 사용합니다. 이 전환기에 많은 아이들의 글씨체가 변합니다. 글씨가 너무 커서 좁은 노트 줄에 맞춰 쓰기 어렵기 때문이죠. 따라서 글씨 크기를 전체적으로 줄이는 연습이 필요합니다. 연필 잡는 습관이나 글씨 모양을 다시 교정할 수 있는 절호의 기회를 놓치지 마세요.

이외에도 시중에 출간된 바른 글씨 쓰기, 따라 쓰기 책을 활용하는 것도 좋은 방법입니다. 너무 늦지 않게 우리 아이 글씨를 교정해 주세요. 중·고등학교에 가서도 후회하지 않을 초등 시기 습관 잡기의 가장 중요한 미션입니다.

생각 연습장, 일기 쓰기

바른 글씨의 중요성을 이해하셨나요? 이제는 콘텐츠를 다듬을 단계입니다. 많은 학부모님이 "저희 아이는 영어 쓰기가 안 돼요." 라고 고민을 털어놓습니다. 그때마다 저는 꼭 이렇게 질문합니다.

"아이의 한글 쓰기 수준은 어느 정도인가요?"

자녀의 나이나 학년과 무관하게 이 질문을 받으면 대부분 머뭇 거리십니다. 글쓰기는 생각을 조리 있게 표현하는 과정입니다. 따라서 한글로 갖춰진 글을 쓰는 것이 외국어 글쓰기보다 우선되어야 합니다.

생각을 정리하는 일기 쓰기

우리의 첫 한글 글쓰기는 아마 학교에서 선생님이 내 주신 일기 쓰기 숙제가 아닐까요? 아이들은 처음 언어를 배울 때 단어와 짧은 문장을 익히는 데 집중합니다. 매우 중요한 단계는 맞지만, 단어를 연결할 줄 안다고 해서 곧바로 긴 글을 쓸 수 있는 것은 아닙니다. 글을 쓰기 위해서는 사고가 연결되어야 합니다. 겪은 일이나 자신의 생각 등을 떠올리고 표현하는 일기 쓰기가 이에 해당하죠. 그래서 초등 1학년 때는 일기 쓰기가 버겁습니다.

초등 2, 3학년이 되면 생각을 확장하고 내용에 조금씩 살을 붙여 3~4줄 이상의 긴 일기를 쓸 수 있습니다. 1학년 때 '나는 어제 햄버거를 먹었다. 정말 맛있었다.'라고 썼다면, 2학년이 되면 '나는 어제 동생과 함께 햄버거를 먹었다. 동생은 불고기 버거를 먹었고, 나는 치킨 버거를 먹었다. 내가 먹은 치킨 버거는 정말 맛있었다.'라고 쓸 수 있죠. 학년이 올라갈수록 구체적인 글쓰기를 연습합니다. 이때 일기 쓰기 숙제는 도움이 되기도 하고, 방해가 되기도 합니다. 물론 저학년 시기에는 짧은 기록도 의미가 있지만 학년이 올라가면 의무적인 글쓰기는 의미가 줄어듭니다.

중학년 시기부터는 단순 묘사를 넘어 감정을 구체적으로 표현하는 연습을 합니다. 사건과 동작을 쪼개서 설명하고, 형용사와 부사를 적절하게 사용하여 꾸밈 어휘를 쓸 수 있어야 합니다. 이를 위해 어휘를 선별해서 글을 쓰는 연습이 필요합니다. '정말 기뻤다, 정말 슬펐다, 정말 재밌었다' 같은 표현을 넘어 다양하고 섬세한 감정 표현을 실제 글쓰기에 활용해 보는 것이 좋습니다. 아이들에게 다양한 감정 어휘를 알려 주세요.

✖ 마음을 풍부하게 표현하는 감정 어휘

기쁜 감정	슬픈 감정	화나는 감정	두려운 감정	차분한 감정
신나다	서운하다	짜증 나다	무섭다	편안하다
들뜨다	아쉽다	억울하다	걱정하다	감사하다
뿌듯하다	속상하다	답답하다	불안하다	안심하다
설레다	울적하다	불쾌하다	긴장하다	훈훈하다
감동하다	우울하다	분하다	당황하다	홀가분하다

읽기 대신 주제 글쓰기

요즘 학교에서는 일기 대신 구체적인 주제를 정해 글을 쓰는 '주제 글쓰기'를 합니다. 고학년 시기는 보다 논리적인 글쓰기가 필요한 때입니다. 고학년일수록 더 깊이 있는 주제를 제시하고, 주 1회 정도 긴 글을 쓰도록 하는 것이죠.

작은아이의 경우, 4학년 때부터 6학년인 지금까지 학교 숙제로 주제 글쓰기를 하고 있습니다. 실제 아이의 글쓰기 주제를 소개할 테니 아이와 함께 가정에서 주 1회라도 연습해 보세요. 글쓰기 관련 책을 활용해 지도하는 것도 좋습니다. 아이들의 상상력은 무한해서 재미있고 감동적인 글을 만날 수 있을 것입니다.

✖ 아이의 생각을 키워 주는 30가지 글쓰기 주제

1	최근 한 달 중 가장 웃겼던 일은 무엇인가요?
2	오늘 하루 동안 내가 가장 많이 들은 말은 무엇인가요?
3	내가 가장 좋아하는 급식 메뉴는 무엇인가요?
4	친구에게 가장 고마웠던 순간은 언제인가요?
5	부모님께 가장 죄송했던 순간은 언제인가요?
6	나는 어떤 어른이 되고 싶나요?
7	최근에 내가 실패한 일이 있나요?
8	동물이 말을 한다면 어떤 대화를 하고 싶나요?
9	내가 투명 인간이 된다면 무엇을 하고 싶나요?
10	타임머신이 있다면 어디로 가고 싶나요?
11	내가 가장 만들고 싶은 발명품은 무엇인가요?
12	나의 인생 책은 무엇인가요?
13	내가 가장 부러운 사람은 누구인가요?
14	내가 가장 여행 가고 싶은 나라나 장소는 어디인가요?
15	나의 1학기(2학기/여름 방학/겨울 방학)는 어땠나요?

16	초등학생의 스마트폰 사용에 대해 어떻게 생각하나요?
17	공부를 해야 하는 이유는 무엇일까요?
18	내가 선생님이라면 하고 싶은 수업은 무엇인가요?
19	가장 좋아하는 과목 vs. 가장 싫어하는 과목은?
20	가장 좋아하는 계절 vs. 가장 싫어하는 계절은?
21	내가 가장 좋아하는 음식의 레시피를 써 보세요.
22	지구를 위해 내가 할 수 있는 일은 무엇일까요?
23	미래의 나에게 편지를 써 보세요.
24	나의 버킷 리스트 10개는 무엇인가요?
25	바다와 산 중 좋아하는 장소는 어디인가요?
26	내가 무인도에 떨어진다면 가져갈 물건 세 가지는 무엇인가요?.
27	내가 전래 동화 속 주인공이 된다면 어떤 인물이 되고 싶나요?
28	전기가 없다면 어떨까요?
29	나의 사춘기는 어떨까요?
30	내가 가장 좋아하는 냄새는 무엇인가요?

임원 경험,
돈 주고도 못 산다

어릴 적 부반장을 맡았던 경험이 있습니다. 임원 역할은 누구에게나 한 번쯤 돌아오는 경험처럼 느껴지던 시절이었지요. 그래서일까요? 어른들은 초등학교 임원을 '가볍게 해 볼 수 있는 경험'으로 생각합니다. 하지만 요즘 아이들의 현실은 다릅니다. 학급 인원이 줄었음에도 임원 기회는 여전히 많지 않습니다. 한 학기에 많아야 3명, 1년으로 치면 고작 6명 정도만 임원이 될 수 있죠. 그마저도 같은 아이들이 반복해서 맡는 경우가 많아 학급 임원이 되는 일은 결코 쉽지 않습니다.

실제로 아이들이 임원 선거에 나가는 모습을 보면 놀랍습니다.

자기소개서의 문장을 고민하고, 손수 포스터를 만들고, 연설문을 쓰고 외우는 아이들의 모습은 그 자체로 성장의 장면입니다. 과정 또한 만만치 않습니다. 친구들의 환호와 응원을 받기도 하지만, 예상치 못한 외면과 탈락을 경험하기도 하죠. 아이들에게는 세상과 처음 마주하는 무대이자 사회적 경쟁의 축소판인 셈입니다.

도전은 자존감을 세우는 첫걸음

모든 아이가 타고난 리더는 아닙니다. 어떤 아이는 앞에 나서는 것을 즐기고, 어떤 아이는 조용히 자신의 역할을 수행하는 데서 만족을 느낍니다. 따라서 모든 아이에게 임원 역할을 강요하는 것은 옳지 않겠지요.

하지만 임원 선거는 리더십 있는 아이만을 위한 무대가 아닙니다. 모든 학생은 후보로 나설 수 있고, 그 자체가 리더십을 배우는 과정입니다. 선거에 나선다고 모두 당선되는 것은 아니지요. 결과보다 중요한 것은 도전하는 경험입니다. 선거에서 떨어지는 것보다 안타까운 것은 도전조차 하지 않는 경우입니다. 혹시 아이의 자존감을 지켜 주기 위해 "임원 안 해도 괜찮아."라고 말하지는 않았나요?

"우리 엄마가 안 해도 된다고 했으니까 난 나가지 않을래."

이렇게 생각하는 순간 아이는 스스로 성장의 기회를 외면해 버립니다. 부모의 위로가 아이를 보호하는 말이 아니라, 도전을 쉽게 포기하게 만드는 방어막이 되는 것입니다. 이는 부모들이 강조하는 '과정이 더 중요하다'는 말과 모순됩니다. 결과가 좋지 않을 바엔 안 하는 것도 방법이라고 무의식적으로 가르치는 셈이니까요. 그보다는 아이의 도전을 응원해 주세요. 도전은 아이의 자존감을 세우는 첫걸음입니다.

실패는 리더십의 씨앗

보통 초등 3학년 무렵부터 본격적으로 임원 선거가 시작됩니다. 처음에는 많은 아이들이 호기롭게 손을 듭니다. '나도 반장이 되고 싶다!'는 기대와 설렘으로 가득하죠. 하지만 학년이 올라갈수록 지원자는 점점 줄어듭니다. '괜히 나갔다가 떨어질 바엔 안 할래.' 하고 눈치를 보는 것이죠.

자신 있게 나섰다가 낙선한 아이들은 마음의 상처를 받기도 합니다. 저는 그런 아이들에게 큰 박수를 보내고 싶습니다. 도전의 과정을 온몸으로 경험한 것이니까요. 사람들 앞에서 자신을 표현하고 실패를 받아들이는 과정이 바로 리더십의 씨앗입니다.

임원 선거에 도전하지 않는 아이들은 실패가 두려워 회피하는 것은 아닐까요? 단순한 무관심이 아니라 자기 방어 기제가 작동한 결과일 수 있습니다. "관심 없어.", "귀찮아."라는 말 뒤에 '떨어지면 창피할 거야.'라는 두려움이 숨어 있는 것이죠.

'생기부'는 '생활 기록부'의 줄임말입니다. 초등 시절에는 방학 전에 받는 통지표를 말하지만, 고등에서는 대학교 입시에 활용되는 중요한 자료입니다. 이때 임원 경험은 생기부에 리더십 항목으로 기재됩니다. 회장, 부회장은 물론 동아리 회장이나 학급에 필요한 작은 역할을 수행한 경험도 포함됩니다.

그런 관점에서 본다면 초등 시절부터 책임을 맡는 일에 익숙해지는 편이 좋습니다. 분쟁이나 문제가 생겼을 때 직접 문제를 해결해 본 경험은 아이의 자존감에도 도움이 될 뿐 아니라 책임감 있는 아이로 자랄 수 있게 이끌어 줍니다.

저희 아이들은 이렇게 크고 있어요

큰아이는 초등 때 전교 회장을 했습니다. 작은 시골 마을에 있는 학교라서 전교생이 얼마 되지 않았던 덕분인지 상대적으로 중요한 직책을 맡았고, 이 경험으로 아이는 리더십을 배울 수 있었습니다. 중학교 진학 후에도 임원 선거에 마다하지 않고 도전할 용기를 얻었거든요.

큰아이의 경험은 작은아이에게도 영향을 미쳤습니다. 시골 생활을 접고 도시로 이사 온 이후, 작은아이는 전교 부회장에 도전했습니다. 언니가 전교 회장을 했던 모습이 부러웠던 걸까요. 결과적으로 세 번의 도전 모두 실패했지만, 그때마다 아이가 최선을 다해 도전하는 모습에 박수를 보냈습니다. 아이는 첫 선거에서 떨어진 날 펑펑 울며 집에 돌아왔습니다. 이듬해에는 선거에 나갈지 말지를 한참 고민했죠. 저는 "엄마는 네가 도전하는 모습이 정말 멋져. 그만두는 것도 큰 용기가 필요한 일이지만, 출마하지 않아서 후회할 것 같으면 도전하는 게 어떨까?"라고 이야기해 줬어요. 고민 끝에 아이는 두 번째 출마를 선택했고, 결과에 승복할 줄 아는 큰마음을 얻었습니다.

인생은 원래 마음대로 되지 않습니다. 실패에 좌절하기보다는 자신의 감정을 조절하며 다음을 기약하는 것이 감정을 성숙하게 다룰 줄 아는 것이지요. 이러한 경험들로 회복 탄력성이 자랐는지 작은아이는 부족한 점을 보완해서 중학생이 되어 다시 도전하겠다고 하더라고요. 물론 아이들마다 성향이 다르겠지요. 학창 시절 임원에 도전하는 경험은 돈을 주고도 살 수 없지만, 동시에 돈을 주지 않아도 얻을 수 있습니다. 공짜로 주어진 기회를 그냥 날려버리진 말자고요.

예체능도
무기가 된다

아이들이 어릴 때, 워킹 맘이었던 저는 어쩔 수 없이 '학원 뺑뺑이'를 돌릴 수밖에 없었습니다. 저와 비슷한 상황인 분들이 많으리라고 생각합니다. '선택'보다 '생존'의 문제였던 그때, 태권도 학원은 제게 희망 같은 곳이었습니다. 수업 시간이 다양하고 셔틀버스도 운영되었거든요. 하지만 저희 아이들은 태권도와는 영 맞지 않았습니다. 한 달 다니다가 그만두고를 반복했습니다. 솔직히 '의지가 부족한가?' 싶기도 했어요. 그러나 돌아보면 그때의 경험 덕분에 아이들이 진짜 좋아하는 것과 잘하는 것을 찾을 수 있었던 것 같습니다.

초등 시기는 그 어느 때보다 무언가를 시도할 기회와 시간이 많습니다. 중학생이 된 후에는 시간도, 여유도 점점 줄어듭니다. 아이가 적극적으로 세상에 관심을 보이고 새로운 걸 배우고 싶어 하는 초등 시기에 다양한 경험의 문을 열어 주세요. 그것이 부모가 할 수 있는 최고의 지원입니다.

악기, 끈기를 기르는 과정

초등 시기에는 어떤 악기든 하나쯤 배우면 좋습니다. 악기를 배우는 일은 생각보다 어렵고 끈기가 필요한 영역입니다. 그만두고 싶다고 말할 수도 있지요. 하지만 금방 포기하지 말고 대회에 나갈 수 있을 정도로 능숙해질 때까지 배우도록 권하고 싶어요. 그래야 시간이 지나도 감을 되살려 능숙하게 연주할 수 있을 테니까요. 어떤 악기가 좋은지는 아이마다 다릅니다. 저희 아이들은 피아노, 바이올린, 비올라, 가야금을 배웠습니다.

초등학교에서는 멜로디언, 실로폰, 오카리나, 리코더, 단소, 우쿨렐레 등을 배웁니다. 이는 중·고등학교 음악 수업과도 이어지기 때문에 미리 배워 두면 큰 도움이 됩니다. 악기 하나를 연주할 수 있으면 비슷한 종류의 악기는 금방 배웁니다. 바이올린을 배운 아이는 비올라나 첼로, 우쿨렐레를 쉽게 익히고, 플루트를 배운 아이는 리코더나 단소도 비교적 쉽게 연주할 수 있습니다.

아이가 자신에게 맞는 악기를 끈기 있게 배운 경험은 자존감과 더불어 무엇이든 쉽게 포기하지 않는 힘을 길러 줍니다. 수행평가 점수는 덤이겠지요.

운동, 학습과 정서 안정을 동시에

운동 신경 또한 아이마다 타고나는 정도가 다릅니다. 운동을 유난히 싫어하는 아이도 있지요. 하지만 운동은 초등 시기에 꼭 필요한 활동입니다. 운동은 체력을 길러 줄 뿐만 아니라, 아이의 인지, 정서, 사회적 발달을 통합적으로 촉진하는 활동입니다. 발달 심리학자 피아제(Piaget)*는 아동이 신체 활동을 통해 세상을 탐색하며 사고 구조를 형성한다고 보았고, 발달 심리학자 비고츠키(Vygotsky)**는 신체 활동이 사회적 상호 작용과 학습의 핵심 맥락이라고 설명했습니다.

운동에는 승패가 존재하지요. 그래서 운동은 협동심, 사회성, 좌절감, 성취감, 회복력을 모두 배우는 장이기도 합니다. 주말이나 여유 시간에 가족과 함께 몸을 움직이는 시간을 많이 가져 보세요.

---

*　　장 피아제(Jean William Fritz Piaget, 1896~1980). 스위스의 발달 심리학자이자 철학자, 자연과학자. 인간의 인지는 네 단계를 거쳐 발달한다는 '인지 발달 이론'을 제시했다.

**　　레프 비고츠키(Lev Semenovich Vygotsky, 1896~1934). 러시아의 발달 심리학자. 인간 발달과 학습에 사회적 상호 작용과 문화적 맥락이 중요함을 강조한 '활동 이론'을 제시했다.

자전거를 타거나 배드민턴을 치고, 인라인스케이트를 타는 것도 좋습니다. 수영도 사계절 내내 할 수 있는 운동입니다. 이외에도 발레, 리듬 체조, 줄넘기 등 다양한 운동이 있습니다.

운동은 승부욕이 강하고, 에너지가 많은 아이들의 스트레스 해소에 큰 도움이 됩니다. 중·고등학생이 되면 스스로 스트레스를 관리해야 하기 때문에 운동은 학습 효율과 정서 안정에 도움이 될 수 있습니다.

미술, 나를 표현하는 또 하나의 방법

큰아이는 중등 시기 내내 미술 수행평가에 스트레스를 받았습니다. 그때마다 '어릴 때 미술을 조금 더 시킬걸.' 하는 아쉬움이 들었습니다. 미술 학원에 보내 그림을 그리게 하고, 집에서도 미술 활동을 했는데 말입니다.

그런 큰아이를 보니, 작은아이에게는 꼭 미술을 시켜야겠다는 생각이 들더라고요. 중학교 수행평가가 어려워 성적을 못 받을 걱정보다는 상대적인 이유였습니다. 그림을 잘 그리는 아이들이나 꼼꼼하고 감각이 뛰어난 아이들이 많아 전체적인 요구 수준이 높아진 것이지요.

한국미술치료학회(AATA)는 어린 시절의 시각 예술 경험이 자존감과 정서 안정성 발달에 직접적인 영향을 미친다고 보고했습니다. 미술 활동은 아이가 글로 표현하기 어려운 생각과 감정을 비언어적으로 표현하는 소중한 통로입니다.

다양한 도전은 모두 의미 있다

모든 활동을 반드시 해야 하는 것은 아닙니다. 다만 다양한 경험을 해 봐야 아이가 무엇을 좋아하고, 무엇을 잘하는지 찾을 수 있습니다. 어떤 경험이든 좋습니다. 각 학년에서 어떤 활동이 아이들에게 도움이 되는지 알고 있다면 더욱 좋겠지요.

요즘에는 코딩 교육에 관심이 높습니다. 학원까지 다닐 필요는 없지만 기본적인 수준은 익혀 두면 도움이 된다고 생각합니다. 이제는 학교에서 코딩을 필수로 배워야 하므로, 예체능과 마찬가지로 수행평가에 도움이 된다는 장점도 있습니다. 만약 아이가 코딩에 관심을 가진다면 심화 탐구 활동으로 더 배울 수 있게 하고, 코딩에 관심이 많지 않다면 경험만으로도 충분합니다.

큰아이와 작은아이는 농촌 유학 시절, 구례 동편제판소리전수관에서 판소리와 가야금을 배웠습니다. 도시에서는 하기 힘든 특별한 경험이지요. 하지만 바이올린이나 비올라처럼 활을 쓰는 악기가 아니다 보니 손끝이 부르터서 어려워하더라고요. 반면 판소리의 경우, 노래를 좋아하는 큰아이가 큰 흥미를 보여서 꾸준히 배우도록 했습니다. 그때 배운 '흥부가', '춘향가' 같은 작품들이 나중에 고등 국어 시간의 고전 문학에 등장하더라고요.

지금 아이가 좋아하고 관심 있어 하는 일이 별것 아닌 것처럼 보일지라도 훗날 아이들에게 큰 힘이 되는 순간이 올 겁니다. 아이가 흥미를 느끼는 일에 많은 시간을 쓸 수 있도록 해 주세요. 그 경험이 언젠가 아이에게 든든한 무기가 될 것입니다.

2장

국어 점수를 올리는 독서의 힘

✖ 이 장을 읽기 전에 점검해 보세요.

☐ 아이가 책 읽는 시간을 즐거워하나요?

☐ 아이가 책을 어떻게 읽는지 살펴보았나요?

☐ 글의 종류에 따라 읽는 방법이 다르다는 것을 알고 있나요?

☐ 아이의 어휘력은 풍부한 편인가요?

☐ 아이가 자신의 생각을 말이나 글로 표현할 수 있는 기회가 충분한가요?

교과 선행보다
독서 선행

초등 시기 독서가 중요하다는 말은 귀가 따갑게 들으셨지요? 초등 자녀를 둔 부모라면 아이가 겪는 많은 문제가 독서의 부족에서 비롯된 것임을 느꼈을 겁니다.

이미 아이를 중·고등까지 키운 부모들은 지나간 초등 시기를 아쉬워합니다. 초등 시절은 그 자체로 보석 같은 시간입니다. 하지만 막상 그 터널을 지나는 동안에는 막막하고, 가도 가도 끝이 없어 보이죠. 그럼에도 자신 있게 말씀드릴 수 있습니다. 초등 시기는 어느 때보다 아이들의 사고 그릇을 키울 수 있는 시기라고요. 이를 위해 독서가 필요합니다.

첫아이를 키우는 부모들은 우리 아이만 뒤처지지 않을까 하는
두려움이 앞섭니다. 그래서 아이에게 다음과 같은 말을 합니다.

독서를 방해하는 부모의 말

- "넌 더 이상 유치원생이 아니야. 공부해야지."
  → 초등학생은 '공부해야 하는 존재'라고 인식하게 만들어요.
- "그림책 그만 읽고 문제집 풀어."
  → 그림책 읽기는 배움이 아니라고 생각하게 만들어요.
- "오늘 책 몇 권 읽었어?"
  → 책 읽기가 과제처럼 느껴지게 만들어요.
- "학원 숙제 다 했어?"
  → 학원 숙제가 곧 공부라는 인식을 심어 줘요.

부모의 걱정이 단순한 기우라고 생각하지는 않습니다. 초등은
본격적인 학령기로 접어드는 시기니까요. 아이가 본격적으로 학
습의 토대를 만드는 과정에 가정의 분위기와 부모의 가치관은 깊
은 영향을 미칩니다. 아이와 부모는 한 팀을 이루어 목적지까지 도
착해야 합니다. 아이에게 편안한 학습의 장을 마련해 주고, 부모님
의 가치관을 심어 주세요.

이때 학습과 독서를 이분법적으로 분리하거나, 독서 시간을 쓸모

없는 시간으로 인식하지 않게 주의해야 한다는 것을 기억해 주세요.

독서는 즐거워야 한다

"독서는 쾌락이다."

제가 좋아하는 김영하 작가의 말입니다. 저는 이 말을 실천하려고 정말 많이 노력했습니다. 이를 위해서는 무엇보다 부모인 제가 독서를 즐겨야 했습니다. 다행히 그리 어려운 일은 아니었습니다. 어렸을 때부터 밖에서 뛰어노는 것보다 방에서 세계 문학 전집을 읽는 걸 더 좋아했으니까요.

그런데 요즘은 사회가 우리를 가만히 두지 않습니다. 유튜브와 넷플릭스 없이 살아가기 힘든 시대지요. 하물며 아이들은 오죽할까요? 아이들이 책을 오랫동안 깊이 있게 읽는 경험을 하기 전에 쇼츠와 릴스를 접하는 시대입니다. 이 험난한 흐름을 이겨야 바뀔 수 있습니다. 그러나 많은 가정에서 초등 이전부터 아이들에게 미디어를 노출하는 것이 현실입니다.

아이가 스마트폰이 아니라 책을 가까이 하도록 만드는 데는 많은 정성이 필요합니다. 이미 미디어에 익숙해진 아이를 책의 세계로 이끄는 일은 결코 만만한 일이 아니지요. 저 역시 가정에서 책을 먼저 권하려고 노력합니다. 고맙게도 아이들이 잘 따라 주고 있습니다.

다양한 독서 경험의 필요

가볍게 읽을 수 있는 문학책이나 학습 만화도 허용해 주세요. 다양한 독서 경험이 쌓여야 아이는 자신만의 취향을 찾고, 독서 수준을 점진적으로 높일 수 있습니다.

미디어 사용에는 시간제한을 두되, 독서에는 시간을 제한하지 마세요. 아이가 책만 읽고 공부는 하지 않아 답답하다면 미리 축하드립니다. 그 아이는 미래의 인재로 자라는 중이니까요. 초등 시기 독서는 가능한 한 유연하게 허락해 주세요. 책에는 상상하는 것보다 훨씬 넓은 세계가 있고, 이를 충분히 경험한 아이들은 진로 탐색과 교과 학습을 주도적으로 해낼 수 있을 테니까요.

불안과 조급함으로 독서와 학습이라는 선순환의 고리를 끊지 않기를 당부드립니다. 아이가 어릴 때 책을 많이 읽었는데 공부를 못한다면 책을 '충분히' 읽지 않았을 가능성이 큽니다. 책을 스스로 충분히 탐독한 아이의 미래는 부모의 불안이 결코 잠식할 수 없습니다.

독서 선행, 멈추지 않기

초등 저학년 때 잘 유지하던 아이의 독서 습관은 고학년이 되면서 무너지기 쉽습니다. 글밥이 많아지고, 문자와 어휘 수준이 높아지는 시기에 독서를 그만두는 아이러니한 일이 발생하는 것입니다. 이를 방지하기 위해 '독서 선행'이 필요합니다. 독서는 아이의 학습 능력에 따라 속도와 양을 조절하는 교과 선행과 달리 타협해서는 안 된다고 생각합니다. 그렇다면 독서 선행은 어떻게 하면 좋을까요?

집 근처 도서관이나 학교, 공공 기관에서 제공하는 '학년별 권장 도서 목록'을 활용하세요. 이 목록은 학년별 난이도에 맞춰 적절하게 배정되어 있어 독서 선행에 활용하기 좋습니다.

계단식 독서 선행 방법

- 아이의 학년에 해당하는 권장 도서를 읽게 합니다. 이때 모든 장르를 빠짐없이 읽을 필요는 없습니다.
- 그다음에는 한 학년 높은 수준의 책에 도전합니다. 방학 시기를 활용하면 좋습니다.
- 문해력이 높아진 것이 보인다면 두 학년 높은 수준의 책에 도전할 수 있습니다.
- 이후 '필독서', '문학상 수상작', '대학 권장 도서' 등을 활용합니다.

독서량 ≠ 실력,
다독의 함정

"많이 읽으면 능사 아닌가요? 어릴 때는 다독하라던데요?"

독서량이 전부가 아니라는 말에 이런 질문을 하실 것 같네요. 일부는 맞습니다. 유아기 아이가 읽는 책은 대체로 얇고, 그림이 대부분입니다. 그래서 아이들은 열 권, 스무 권을 쌓아 놓고 읽기도 합니다. 유아기에는 책을 많이 읽는 '다독'이 도움이 됩니다. 영어책도 마찬가지입니다. 유아기에 읽는 영어책은 파닉스 단계의 어휘로 구성되어 있어 반복해 읽는 것이 좋습니다.

하지만 초등 저학년 이후부터는 읽는 글의 양과 난이도가 점점 늘어납니다. 문학 작품은 글의 구성과 등장인물 간의 관계가 복잡

해지고, 감정 묘사가 풍부해집니다. 비문학의 경우에는 배경지식이 필요한 내용이 많아집니다. 이 시기에는 글을 읽으며 한번에 처리해야 하는 정보가 늘어남에 따라 책을 꼼꼼하게 읽는 '정독'이 필요합니다.

하지만 학년이 올라갈수록 가정에서 독서보다 교과 학습 지도를 우선시하여 독서에는 크게 신경을 쓰지 않는 경우가 많습니다. 아이가 책을 읽기만 해도 다행이지요. 그러나 아이가 겉핥기식 독서인 '통독'을 하는 것은 아닌지 반드시 확인해야 합니다. 이런 아이들은 교과서도 같은 방식으로 읽을 가능성이 높기 때문입니다.

독서량보다 중요한 것

"저희 아이, 어릴 때 책 많이 읽었는데…."

중학교 입학 후 첫 국어 시험 점수를 보고 이런 말씀을 하는 부모님이 종종 있습니다. 책을 좋아하고, 많이 읽은 아이라도 책 읽는 방법이 잘못되었을 수 있습니다. 초등 시기에 정독하는 습관을 기르지 못한 아이는 학년이 올라가며 학업에 어려움을 겪을 가능성이 큽니다.

이게 무슨 소리냐고요? 실제로 많은 학생들이 책을 '몇 권' 읽었는지에만 집중합니다. 가정에서도 비슷한 피드백을 했을 가능성이 높습니다. '100권 읽기 챌린지' 같은 방식으로 독서 습관을 잡은 학생들이 대체로 이런 경우입니다. 이 방식으로 책에 재미를 붙이고 자신에게 맞는 독서 방식을 찾는다면 문제가 없지만 상당수가 목표 권수를 채우기에 급급해 책을 얼마나 충실하게 읽었는지는 평가하지 않습니다.

우리 아이, 책을 어떻게 읽고 있을까

큰아이가 초등 5학년 때였습니다. 책을 좋아하고, 학년보다 높은 수준의 국어 문제도 척척 풀어냈습니다. 어느 날 우연히 아이에게 읽던 책의 내용을 물어보았는데 답을 못하는 것이었습니다. 줄거리는 대략 알지만, 작가의 의도나 사건의 흐름, 주인공의 행동은 추론하지 못했습니다.

게다가 책에 나온 어휘의 뜻을 정확히 모르고 넘어간다는 것도 알게 되었습니다. 그때부터 아이가 읽는 책의 양을 줄이고, 단 한 권이라도 몰입해서 읽게 했습니다. 모르는 어휘는 반드시 확인하며 읽게 했죠. 아이는 다 안다고 했지만, 뜻을 물어보면 제대로 설명하지 못하거나 다른 뜻으로 알고 있는 경우가 꽤 있었습니다. 그때 저는 '큰일 났다.' 하는 생각에 아이의 읽기 습관을 바로잡는 데 집중했습니다.

그 노하우를 바탕으로 코로나가 한창이던 시기에 '몰입 읽기'라는 온라인 독서 수업을 시작했습니다. 그때 만난 수백 명의 학생들에게도 큰아이와 같은 문제가 있었습니다. 어휘를 정확히 이해하지 않고 책을 읽었죠. 책을 읽으며 모르는 어휘를 찾아오라는 과제에 "모르는 어휘가 없어요."라며 빈 답안지를 내는 아이들도 있었습니다. 하지만 그 뜻을 물어보면 제대로 설명하지 못했죠.

이런 현상은 왜 생길까요? 글을 읽을 때 모든 어휘를 완벽히 몰라도 주변 정보와 맥락을 통해 내용을 대략 짐작할 수 있습니다. 그래서 어휘가 부족해도 책 한 권을 읽는 데 크게 문제가 되지는 않습니다. 하지만 이 방식으로 속독과 통독을 반복하면 모르는 어휘를 그냥 넘기는 경우가 많아지고, 때로는 오독하는 경우까지 생깁니다.

다음은 제가 '몰입 읽기' 수업을 하며 아이들이 찾아온 어휘를 학년별로 정리한 목록입니다. 생각보다 충격적인 단어들이 많습니다. 목록을 참고하여 우리 아이의 어휘 수준은 어느 정도인지 확인해 보세요.

✖ 아이들이 모르는 어휘 목록

학년	모르는 어휘
1학년	심각하다, 해롭다, 초저녁, 발그레, 풀 죽다, 가마니, 땔감, 침침하다
2학년	양지바르다, 담벼락, 시궁창, 태평하다, 기꺼이, 마지못해, 잡아떼다
3학년	게걸스럽다, 반나절, 송두리째, 완만해지다, 듬성듬성, 게슴츠레

4학년	비아냥거리다, 눈초리, 불현듯, 궁색하다, 구체화, 처신, 임종, 희소성, 독불장군
5학년	실용적, 토박이, 발령, 백일몽, 초안, 볼품없다, 임기응변, 허례허식, 부조리
6학년	고깝다, 장밋빛, 동병상련, 고귀하다, 권위주의, 호되다, 송구하다, 멸시

몰입 읽기는 이렇게

책을 읽을 때는 피상적인 글 읽기가 아니라 글자가 내포한 의미를 파악하여 이해하고 추론할 수 있어야 합니다. 이를 위해서는 몰입해서 읽는 경험이 필요합니다.

물론 모든 책을 몰입해서 읽을 필요는 없습니다. 기본적으로 독서는 즐거워야 합니다. 평소에는 좋아하는 책을 편하고 가볍게 읽도록 해 주세요. 다만 한 달에 한 권, 또는 1년에 몇 권의 책을 정해 몰입 읽기를 하도록 해 주세요.

몰입 읽기 실천법

• 시간에 쫓기지 않고 읽는다.
• 모르는 어휘는 그냥 넘기지 않는다. 어휘의 뜻을 말로 설명할 수 있는지를 생각한다.

- 모르는 어휘는 사전을 찾아 뜻을 정리한다. 반복되거나 핵심 어휘라고 여겨지는 것은 따로 표시한다.
- 찾은 어휘를 활용하여 짧은 글을 쓴다.
- 독해 전략을 활용해서 읽는다.

이 방식으로 한 달에 한 권만 정확히 읽어도 아이의 어휘 실력은 눈에 띄게 올라갈 것입니다. 또한 일반적인 독후 감상문만이 아니라 사건을 시간 순서대로 배열하기, 정해진 조건 안에서 요약문 쓰기, 등장인물 소개 등 독후 활동을 하면 글의 구조를 이해하고, 읽은 내용을 재구성하는 데 도움이 됩니다.

다음은 《불편한 편의점》을 읽고 다양한 방법으로 독후 활동을 한 자료입니다. 참고해서 아이가 더욱 깊이 있는 독서를 할 수 있도록 지도해 보세요.

1. 시간 순서로 배열하기

책 제목	불편한 편의점

발단

서울의 한 작은 편의점에서 일하던 아주머니가 갑자기 일을 그만둔다. 편의점 주인은 급하게 새 야간 아르바이트생을 구해야 해서 고민하던 중, 우연히 만난 노숙인을 채용한다. 그의 이름은 '독고'다. 사람들은 그를 독고 아저씨라고 부른다.

절정

독고 아저씨는 말투도 어눌하고 행동도 느리지만, 누구에게나 친절하다. 손님들의 고민을 들어주거나, 잃어버린 물건을 찾아 주고, 소소한 친절을 베풀면서 편의점 분위기도 달라지고, 사람들은 그를 좋아하게 된다. 아르바이트생 사이의 갈등도 독고 아저씨의 따뜻한 말 한마디 덕분에 해결된다.

결말

어느 날, 독고 아저씨의 과거가 밝혀진다. 사람들은 그를 도우려 하지만 독고 아저씨는 조용히 편의점을 떠난다. 독고 아저씨는 사라졌지만 그가 남긴 따뜻함과 친절 덕분에 사람들의 삶은 훨씬 밝고 긍정적으로 변한다. 모두가 독고 아저씨를 그리워하며 그가 남긴 작은 친절을 기억한다.

2. 요약문 쓰기

책 제목	불편한 편의점

누가?(Who)

독고 아저씨, 편의점 주인, 편의점 직원들, 손님들

언제?(When)

현재의 서울, 어느 여름부터 가을까지

무엇을?(What)

노숙인이던 독고 아저씨가 편의점 야간 아르바이트를 하면서 사람들에게 친절을 베풀고, 그로 인해 주변 사람들이 변하는 이야기

어디서?(Where)

서울의 작은 동네 편의점

핵심 내용 요약문

독고 아저씨는 원래 노숙인이었지만 편의점 주인의 도움으로 야간 아르바이트를 하게 된다. 말투도 느리고 행동도 굼뜨지만, 사람들에게 따뜻하고 작은 도움도 아끼지 않는다. 사람들도 점점 마음을 열고 그를 좋아하게 된다. 독고 아저씨는 손님들의 고민을 들어주고, 잃어버린 물건을 찾아 주고, 사람들 사이를 연결해 준다. 어느 날 독고 아저씨의 아픈 과거가 밝혀지자 그는 아무 말없이 편의점을 떠난다. 독고 아저씨는 사라졌지만 그가 남긴 친절 덕분에 편의점 사람들의 삶은 더 따뜻하고 긍정적으로 변한다.

3. 등장인물 소개

책 제목	불편한 편의점

성격

- 조용하고 말수가 적다.
- 친절하고 따뜻하다.
- 남을 먼저 생각한다.

행동/역할

- 편의점 야간 아르바이트를 한다.
- 사람들의 갈등을 해결한다.

중심인물

독고 아저씨

특징

- 행동이 느리지만 꼼꼼하다.
- 배려심이 깊다.
- 과거에 아픈 사연이 있다.

변화

- 사람들의 신뢰와 사랑을 얻는다.
- 편의점 직원과 손님들의 마음을 따뜻하게 변화시킨다.

초등 고학년의
읽기는 다르다

　정독 중심의 독서를 했고 글쓰기도 잘하는데, 국어 성적이 기대만큼 나오지 않는 학생들이 있습니다. 이런 학생들에게는 여러 요인이 있겠지만, 먼저 독서와 학습의 상관관계를 확인해 보아야 합니다.

배경지식을 쌓는 학습 만화

　교과서는 대부분 비문학 중심으로 이루어져 있습니다. 따라서 다양한 비문학을 많이 읽는 것이 성적 향상에 큰 도움이 됩니다. 만약 초등 시절에 쉬운 동화책 수준에서 글 읽기를 멈춘다면 소설 같은 문학은 비교적 거부감 없이 읽지만 정보성 글인 비문학은 학년이 올라갈수록 멀리하게 됩니다.

따라서 어릴 때 학습 만화라도 보게 하는 것이 좋습니다. 사실 코로나 시기 이전에는 학습 만화를 추천하지 않았습니다. 하지만 지금은 미디어보다는 훨씬 나은 선택이라고 생각합니다. 학습 만화는 빠르게 배경지식을 쌓는 도구로 안성맞춤입니다. 저희 두 아이는 만화에 흥미가 없습니다. 그러다 보니 학습 만화 대신 다른 방법을 찾아야 했지요. 예를 들어, '그리스 로마 신화'나 '삼국지' 등은 학습 만화로 빠르게 배경지식을 익히고 장기 기억에 저장하여 고학년 학습의 토대를 마련할 수 있는데요. 저희 아이들은 만화 대신 줄글로 읽혀야 해서 힘이 들었어요. 사실 '삼국지'는 아직도 정복하지 못했답니다. 물론 단점도 있으니, 아이의 성향을 파악해서 활용해 주세요.

학습 만화 이럴 때 안 좋아요!

- 학습 만화만 보고 줄글 책을 거부하는 경우
- 만화에 익숙해져 글을 한눈에 읽어 내는 시야가 좁아진 경우
- 이미지 없이는 연상이나 집중이 어려운 경우

전략적인 글 읽기

일상에도 전략적인 글 읽기가 필요합니다. 문학 작품을 읽을 때, 신문을 읽을 때, 도서관에서 책을 고를 때, 교과서를 읽을 때 각각 다른 독해 전략을 써야 합니다. 독해 전략이 부족하면 대부분의 책을 통독하는 일이 발생합니다.

독해 전략

- 책을 읽기 전 제목이나 표지의 그림을 보고 내용을 추측한다.
- 읽는 중간중간 스스로 질문을 만든다.
- 글쓴이의 주장이나 근거가 타당한지 비판적으로 생각한다.
- 장면이나 상황의 이미지를 떠올린다.
- 배경지식을 활용해 숨은 뜻을 짐작한다.
- 책의 내용을 구조화한다.

교과서는 정독해야 하는 책입니다. 때로는 정독을 넘어 내용을 분석하고 조직화해야 합니다. 이런 경험 없이 그냥 독서만 했다면 아이는 학년이 올라갈수록 학업 성취에 한계를 느낄 수 있습니다. 우리 아이가 독서는 많이 했는데 국어 성적이 오르지 않는다면 독해 전략 없이 막연한 글 읽기를 했을 가능성을 고려해야 한다는 뜻입니다.

이런 경우에는 노트 정리가 강력한 처방전일 수 있습니다. 독해 전략이 부족한 아이들은 노트 정리를 통해 정보를 조직화하고 글을 읽다 궁금한 점을 탐구하며, 글의 핵심 주제를 찾는 과정을 자연스럽게 연습할 수 있습니다. 노트 정리를 연습할 수 있도록 현직 초등 교사인 양영심 선생님이 집필한 책을 추천합니다.

노트 정리 참고 도서

초등 노트 정리

양영심 지음 | 서사원주니어

초등 3~4학년부터 시작할 수 있는 초등 노트 정리 비법을 정리한 책으로 기초부터 심화까지 단계별 노트 정리 방법을 익힐 수 있다.

문법의 기초 다지기

문법은 내용의 이해도 중요하지만 암기하는 과정이 꼭 필요한 영역입니다. 문법을 독서하듯이 한 번 읽고 넘긴다면 시험에서 좋은 결과를 기대하기 어렵습니다.

문법이 약한 아이들은 초등 고학년 시기부터 쉬운 문제집을 풀어 보게 하고, 평소 생활에서 말 습관이나 맞춤법에 신경을 쓰는 것이 중요합니다. 국립국어원의 표준국어대사전을 평소에도 자주 활용하는 습관을 들이면 기본적인 문법을 올바르게 숙지하는 데 도움이 됩니다. 독서를 하면서 모르는 어휘는 꼭 사전을 찾아보도록 권하는 이유도 같습니다. 중학생이 되면 어려운 국어 문법을 배우게 됩니다. 고등 문법은 더 어렵고 까다롭습니다. 그래서 초등 단계에서 기초를 다지는 것이 중요합니다.

읽은 내용을 잘 출력하는 훈련

독서는 인풋(input)의 영역입니다. 글을 읽는 동안에는 내용을 완전히 이해한 것처럼 생각하기 쉽습니다. 하지만 책을 덮은 후 읽은 내용을 다시 설명하는 것은 어렵지요. 따라서 인풋이 있다면 그에 맞는 아웃풋(output) 훈련을 함께 해야 합니다. 대표적인 아웃풋이 바로 시험입니다.

시험은 인풋이 얼마나 정교하게 이루어졌는지 확인하는 과정입니다. 무엇이 출제될지 알 수 없기 때문에 모든 영역을 균형 있게 공부해야 합니다. 따라서 시험과 동일한 시간과 공간의 압박 속에서 문제를 풀며 내가 익힌 내용이 얼마나 잘 출력되는지 확인하는 연습이 필요합니다.

때로 시험 연습이 부족해서 충분히 학습했음에도 불구하고 결과가 잘 나오지 않는 경우가 있습니다. 이런 경우는 중등 생활 동안 반복되는 시험을 통해 충분히 연습할 기회가 있습니다. 그러니 크게 걱정할 부분은 아닙니다. 중학교에서는 1년에 4번의 시험을 봅니다. 학기마다 중간고사, 기말고사를 보기 때문에 시험 일정에 맞춰 과목별 시험공부를 해야 합니다. 공부한 내용을 확인하는 과정이 곧 출력 과정이므로 충분히 연습할 기회가 주어지는 셈이지요. 이러한 훈련을 통해 학습 외의 독서에서도 읽은 내용을 아웃풋 할 수 있는 능력을 기를 수 있습니다.

모르는 어휘?
지금 잡아야 한다

문해력은 한글 인식에서 시작됩니다. 글자를 소리와 연결해 인식하는 지점을 '기초 문해력'이라고 합니다. 영어로는 '파닉스' 단계지요. 한글은 이 단계가 그리 오래 걸리지 않습니다. 소리와 문자가 대체로 일치하고 조합 원리에서 크게 벗어나는 일이 없기 때문입니다. 문해력은 곧 맞춤법, 어휘력과 연결됩니다.

어른도 일상적인 메시지를 주고받을 때 맞춤법을 틀릴 때가 있습니다. 누군가가 맞춤법이 군데군데 틀린 메시지를 보낸다고 생각해 보세요. 호감도가 떨어질 것 같지 않나요?

우리가 일상에서 사용하는 문자들은 초등 시기에 배운 것입니다. 만약 초등 시기에 어휘와 표현력을 충분히 배우지 못한다면 이후 학습에도 영향을 미칩니다. 수능 국어 영역이 점점 어려워지는 요즘, 초등 어휘 도대체 어디까지 알아야 할까요?

'일상 어휘'를 가장 먼저 잡자

일상 어휘는 말 그대로 우리가 일상적으로 듣고 말하는 어휘를 말합니다. 이는 대부분 자연스럽게 얻어집니다. 일상에서 반복적으로 사용한 어휘는 장기 기억에 저장되어 자연스럽게 사용할 수 있습니다.

그런데 요즘 아이들은 일상 어휘부터 금이 가고 있습니다. '멋지다', '놀랍다', '예쁘다', '귀엽다' 등의 다양한 감정 표현을 '대박' 같은 한 단어로 치환해서 쓰는 경우가 많습니다. 제한적인 어휘를 사용하면 의미를 정확하게 전달하기 어려우므로 다양한 표현을 사용하는 것이 좋습니다. 일상 어휘는 가정에서 충분히 지도할 수 있습니다. 부모가 먼저 사용하는 어휘를 점검하고, 다양하게 표현해 주는 것이 자녀의 어휘 학습에 도움이 됩니다.

학습에는 반드시 '개념 어휘'가 필요하다

개념 어휘는 교과서의 주요 학습 개념을 이해하는 데 필요한 어휘입니다. 예를 들어 수학의 '분수', '소수', '함수', 사회의 '민주주의', '왕권 강화', '천도', 과학의 '팽창', '가속도', '생태계' 등과 같이 꼭 알아야 할 어휘들을 말합니다. 개념 어휘를 모르면 학습에 어려움이 따릅니다. 우리말을 잘 구사해도 일상 어휘에서 벗어나지 못하는 수준이라면 학교 수업을 따라가기 어렵습니다. 개념 어휘는 단순 암기를 넘어 맥락 속에서 의미를 이해해야 합니다. 이러한 이해와 확장 과정이 쌓여야 학습을 따라갈 수 있습니다.

배경지식으로 어휘 확장하기

개념 어휘만 잘 익히면 학습에 무리가 없을까요? 안타깝게도 그렇지 않습니다. 교과서는 분량 제한이 있어 많은 양의 내용을 충분히 풀어서 서술하지 못합니다. 그러다 보니 학교 선생님의 보충 설명이 필요하죠. 그런데 제한된 수업 시수 내에서 어휘를 지도하는 시간은 턱없이 부족합니다. 실제로 중등 3학년 사회 교과에서는 국회의 위상과 조직을 다룹니다. 국회에 상임 위원회가 있다고 배우지만, 자세히 다루지는 않습니다. 미리 신문이나 뉴스를 통해 상임 위원회가 무엇인지 알고 있던 학생이라면 어떨까요? 고학년이 되면 부모님과 함께 생각을 나누는 것만으로도 어휘력에 큰 도움이 됩니다. 가정에서 배경지식을 접하고 생각을 나눌 기회를 만들어 주세요.

가정에서 실천하는 어휘력 확장

바쁜 와중에 어휘까지 챙겨야 한다니 벌써 머리가 지끈거립니다. '어려운 어휘는 나중에 익혀도 되는 게 아닐까?', '중학생 때 교과 학습을 하면 저절로 알게 되는 게 아닐까?' 하면서 미루고 싶은 마음도 생길 겁니다. 하지만 어휘는 반드시 초등 시기에 챙겨야합니다.

초등 저학년부터 중학년까지가 언어 습득의 임계기입니다. 이 시기에 형성된 어휘력이 읽기 속도와 이해력을 결정합니다. 그러므로 이 시기에 많은 어휘를 익히는 것이 좋습니다. 외국어 학습에도 결정적인 시기가 있는 것과 같습니다. 물론 시기가 지난다고 어휘 학습을 할 수 없거나 효과가 급격히 떨어지는 것은 아닙니다. 하지만 학습의 적정 시기를 알아 두고 활용하면 훨씬 유리하지요. 아이가 아직 초등학생이라면 부모님의 적절한 가이드로 어휘를 보다 쉽게 습득할 수 있습니다.

초등 고학년이 되면 읽은 내용을 분석하고 비교하며 활용하는 학습으로 넘어갑니다. 이때 어휘력이 부족하면 학습 내용을 이해하기가 어려우므로, 반드시 가정에서의 활동이 필요합니다.

① 대화 속에서 어휘 확장하기

마트에서 장을 보다가 무심코 "물가가 많이 올랐네."라는 말을 했을 때 아이가 "물가가 뭐야?"라고 묻는 순간을 놓치지 마세요.

좋은 기회입니다. 집에서는 사전을 찾아보는 것도 좋은 방법이고 요. 집 밖에서는 생활 속 예시로 알려 주세요. 이러한 순간이 아이의 어휘 확장에 큰 도움이 됩니다.

요즘 아이들뿐 아니라 어른들도 어휘력이 부족하다는 뉴스 기사가 많습니다. 부모의 어휘력이 부족하면 아이들이 일상에서 자연스럽게 고급 어휘를 접하지 못할 확률이 높아집니다. 일상에서 의식적으로 한자어나 시사 용어를 자주 사용해 주세요. 저 역시 아이들이 사자성어를 공부할 때는 "늦게까지 공부 열심히 하네." 대신 "주경야독하는구나. 형설지공이네."라고 말합니다. 생활 속 사자성어 학습이 효과적이었는지 수업 시간의 사자성어 퀴즈에서 저희 큰아이가 1등을 하더라고요.

② 어휘 노트·카드 만들기

매일 아이와 함께 '오늘의 단어'를 1~2개씩 정리해 보세요. 그림이나 짧은 문장을 함께 적으면 단어를 오래 기억할 수 있습니다. 아이들이 어렸을 때 매일 아침 학교 가기 전, 한두 문장의 짧은 글짓기 활동을 했습니다. 그 노트를 아직도 가지고 있는데요. 거기에 잘했다는 칭찬과 격려의 말을 쓰고 하트를 그려 주며 아이들을 응원했습니다. 어렵게 생각하지 말고 일단 시작해 보세요. 저학년일수록 재밌다고 좋아할 수도 있답니다.

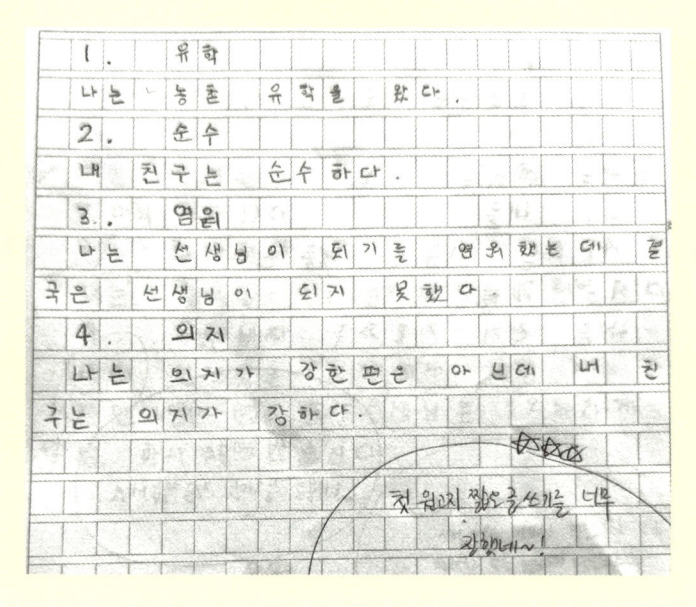

1. 유학
나는 농촌 유학을 왔다.
2. 순수
내 친구는 순수하다.
3. 염원
나는 선생님이 되기를 염원했는데 결국은 선생님이 되지 못했다.
4. 의지
나는 의지가 강한 편은 아닌데 내 친구는 의지가 강하다.

첫 원고지 짧은 글쓰기를 너무
잘했네~!

사고력과 표현력,
학원에서도 못 배운다

"논술 학원이나 토론, 글짓기 학원에 보내야 할까요?"

초등 학부모들이 많이 고민하는 것 중 하나입니다. 학원에서 높은 수준의 책으로 논술, 토론 수업을 한다는 이야기를 들으면 불안한 마음이 듭니다. 다른 아이들은 벌써 두껍고 어려운 책을 읽는다는 것이니까요. 하지만 학원에서 알려 주는 방법으로 연습하는 것만으로 사고력과 표현력을 기르기는 어렵습니다. 게다가 논술, 토론은 당장 중·고등학교 내신과 무관하므로 학원에서는 다른 불안 요소를 강조하며 부모의 관심을 끌기도 합니다. 따라서 우리 아이에게 꼭 필요한 것이 무엇인지 현명하게 선택하는 눈이 필요합니다.

배경지식은 아이의 힘

큰아이 친구 중에 글을 잘 쓰는 아이가 있습니다. 특별히 책을 많이 읽는 아이는 아니라 비결이 더욱 궁금했습니다. 그 아이는 초등 때부터 경제, 돈의 흐름, 재테크에 관심이 많아 큰아이와 만나면 금 시세에 관해 이야기하곤 했습니다. 이후에 그 아이의 엄마에게 물어보니, 관심 주제가 생기면 유튜브로 정보를 찾아보거나 신문 기사를 읽는다고 하더라고요. 책은 많이 읽지 않지만 자신만의 방법으로 다른 아이들보다 풍부한 배경지식을 쌓은 것이죠.

거듭 말씀드린 대로 가정에서 할 수 있는 배경지식 쌓기 훈련이 있습니다. 자신의 의견을 뒷받침할 자료를 수집하고, 상대의 의견에 반박할 근거를 마련하는 연습을 해 주세요. 저희 집에는 매주 일요일 오전, 뉴스 기사 두 편을 출력해 읽고 토론하는 문화가 있습니다. 큰아이가 초등학생이었을 때는 찬반 토론을 하는 정도였습니다. 큰아이가 중학생이 되면서 깊이 있는 토론을 하게 되었고, 이에 활용할 자료가 필요해졌습니다. 이 과정에서 초등학생인 작은아이도 참여시킬 생각으로 읽기 쉬운 신문을 찾았습니다. 특히 '뉴닉'이라는 플랫폼은 기사가 비교적 쉽게 쓰여 있어 청소년들이 부담 없이 읽기 좋아 추천합니다. 각 기사마다 생각해 볼 질문들도 제시되어 있어 토론 자료로 활용하기에 적합합니다.

우리 집 토론 문화 규칙

- 아빠도 함께 참여한다.
- 토론 시간을 구체적으로 정한다.(예 매주 일요일 오전 10시)
- 간략한 뉴스 기사로 하되 연관된 기사를 2개 정도 선정한다.
- 정치, 경제, 환경, 사회 등 다양한 분야를 다룬다.
- 참고 사이트: 뉴닉

뉴닉
바로가기

    토론 능력은 하루아침에 길러지지 않습니다. 매주 토론을 하면 단순히 글을 읽고 시사 용어를 아는 것과 차원이 다른 경험이 쌓입니다. 한번은 한 경제 분야 유튜버가 990원짜리 소금 빵을 파는 베이커리를 냈다는 기사와 쌀 가격을 다룬 기사를 함께 읽었는데요. 그날의 토론은 단순히 수요와 공급에 대한 생각을 나누는 데서 그치지 않았습니다. 나라별 주식에 따라 국가가 지켜야 할 식량 주권, 쌀이 주식인 우리나라 국민의 쌀값에 대한 심리적 마지노선 등에 대한 이야기가 오갔습니다. 이런 대화를 할 때 여러 용어를 내뱉는 출력 과정을 거칩니다. 토론의 묘미는 바로 이것입니다. 학원에서는 알려 주지 않는 스스로 생각하는 힘과 타인을 설득하는 힘이 자연스럽게 자라는 것이지요.

• 의대 열풍, 이대로 괜찮을까요?

• 초중고 조리사 파업에 대해 어떻게 생각하나요?

• '결정 장애'라는 표현에 대해 문제 의식을 가져 본 적이 있나요? (장애인의 날 토론 주제)

뉴스·동화책·교양 도서 활용

동화책에서 멈추지 말고 어린이용 시사 잡지나 교양 도서를 함께 읽어 주세요. '틴 매일 경제', '어린이 과학 동아' 같은 신문과 잡지가 좋은 예입니다. 저희 집의 경우 '독서 평설'을 자주 읽었지요. 아이가 어떤 잡지를 좋아할지 모르는데 덥석 1년 구독을 신청하기에는 조심스럽습니다. 이럴 때 동네 도서관을 이용해 보세요. 도서관에는 정기 간행물이 비치되어 있습니다. 정기 간행물이기 때문에 매달 쌓이면 처치가 곤란한 경우가 많아 1년에 1~2번 정도 무료로 나눠 주기도 합니다. 우리 동네 도서관은 어떻게 운영되는지 확인하고 나눔 기간을 미리 표시해 두었다가 서둘러 달려가야 합니다. 좋은 잡지들은 빠르게 소진되기 때문에 첫날 일찍 가는 것을 추천합니다.

또는 과월호를 낱권으로 사는 방법도 있습니다. 잡지들을 모아 두면 필요할 때 꺼내 보기 좋습니다. 이 과정에서 아이의 취향을 찾은 다음 구독을 결정해도 늦지 않습니다. 신문을 구독하거나, 인터넷 뉴스 기사를 정기적으로 출력해서 아이와 함께 읽고 토론해 보는 것도 좋습니다.

아이를 토론 학원에 보내고 싶거나 혹은 보내고 있다면, 토론 학원에서 아이가 자신의 의사를 표현할 기회가 충분한지 확인해 보세요. 큰아이의 친구는 자신이 습득한 내용을 부모님이나 친구와 이야기하며 자신도 모르는 사이에 출력 훈련을 한 것입니다. 어릴 때부터 자신의 생각을 정확한 용어로 발표해 본 아이는 고입, 대입 면접에서 유리한 고지를 점할 수 있습니다.

정답보다 내 생각을 말하는 아이

조용히 문제를 잘 푸는 것뿐만 아니라 자신의 생각을 더해야 하는 시대입니다. 왜 이 답이 정답인지 설명할 수 있어야 하고, 나아가 그 문제에 대한 생각과 관점을 조리 있게 표현할 수 있어야 합니다. 토론을 잘하고, 말을 잘한다는 것은 화려한 언변을 뜻하는 것이 아닙니다.

내성적인 아이를 둔 부모님도 걱정하지 마세요. 알맹이 없는 화려한 말로 이목을 끄는 역량이 아니라, 머릿속 생각을 잘 구조화해 짧게 말하더라도 핵심을 정확히 전달하는 힘이 필요합니다. 이는 곧 자신의 생각에 책임을 질 수 있다는 의미이기도 합니다. 평소 말을 많이 하지 않더라도 그 말이 핵심을 관통한다면 토론 능력과 발표 능력은 충분히 기를 수 있습니다. 정답을 말하는 아이보다 내 생각을 말하는 아이로 키워 주세요.

토론과 논술,
미래 인재의 핵심 역량

2022개정교육과정과 2028대입 개편으로 학교 교육에 많은 변화가 있었습니다. 그런데 앞으로는 이보다 더 큰 변화가 예고되고 있습니다. 학령 인구가 급격히 감소하며 대입 전형에 대한 근본적인 변화가 필요하고, 고교 학점제가 학교 현장에 안착되기 위한 대책 마련이 필요하기 때문입니다.

이러한 상황에서 우리가 예측할 수 있는 미래 시나리오는 분명합니다. 어떤 인재가 미래 사회에 적합한지, 대학은 어떤 인재를 선호하게 될 것인지를 미리 내다보는 것입니다. AI 시대에 필요한 인재는 더 이상 단순 지식을 많이 알고, 암기를 잘 하는 사람이 아닙니다. 제시된 정보가 진짜인지 가짜인지를 구분하고, 나아가 비판적인 사고를 할 수 있는 사람입니다.

예를 들어 수학에서는 계산 능력 자체보다 어떤 풀이 방식이 가장 적합한지, 혹은 다른 해결 방법은 없는지를 고민하는 문제가 주어질 수 있습니다. 사회에서는 역사적 사건의 발생 순서를 맞히는 것보다 사건이 일어난 배경과 원인을 설명하고, 만약 내가 그 시대의 사람이었다면 어떤 선택을 할지 자신의 의견을 서술하는 문제가 출제될 수 있겠지요.

이러한 변화가 현실이 되기 위해서는 평가 시스템이 달라져야 합니다. 그리고 그 움직임은 이미 시작되었습니다. 직접 서술하고, 토론하는 방식으로 말이죠. 그동안 이런 교육이 필요하다는 의견은 많았지만 대학 서열화가 뚜렷하고 학령 인구가 충분히 많았던 시기에는 우수한 학생을 선별하기 위해 수치화된 내신과 수능 점수에 의존할 수밖에 없었습니다. 하지만 학령 인구가 감소하면서 변화는 선택이 아닌 필수가 되었습니다. 학생 수의 감소는 단순히 '공부할 학생이 줄어든다'는 문제가 아니라 사회에 진출할 인재 자체가 줄어든다는 의미이기 때문입니다.

서·논술형의 중요성

점수로 평가하는 방식으로 지식 습득 능력이나 암기력은 가늠

할 수 있지만, 그 이상의 역량을 예측하기는 어렵습니다. 그래서 대학들이 학생부종합전형으로 학교생활과 탐구력 등을 살펴보는 것입니다.

2022개정교육과정에서는 서·논술형의 비중이 높아졌습니다. 앞으로 이 비율은 더욱 높아질 가능성이 큽니다. 수행평가와 지필고사에서 객관식이나 단답형 문제가 줄고, 자신의 의견을 글로 피력하는 서술형 방식이 늘어남과 함께 말로 의견을 표현하는 평가 도구도 개발될 것으로 예상됩니다. 자신의 생각을 논리적으로 정리해 말하고, 상대의 의견을 반박하는 활동은 필수입니다.

서울대학교를 비롯한 여러 대학에서 면접 중심의 선발을 확대하려는 흐름을 보이고 있습니다. 서울대학교는 수능 최저 기준 없이 심층 면접만을 통해 학생을 선발하겠다는 입장을 밝혔고, 서울시교육청은 단계적으로 수능을 폐지하겠다고 제안했습니다. 물론 이는 확정된 사안은 아니지만, 우리는 교육의 큰 물줄기가 어디로 향하고 있는지 늘 신경 써야 합니다.

서·논술형 대비는 초등학교부터!

"교육과정이 바뀌면 아직 초등인 우리 아이는 무엇을 준비해야 할까요? 서술형 문제를 많이 어려워해요."

객관식 문제는 잘 풀지만 서술형 또는 주관식 문제를 어려워하는 아이들에게는 공통점이 있습니다. 자신의 생각을 정리해서 구조화하지 못하거나, 문제에서 요구하는 답의 형태를 파악하지 못한다는 것입니다. 결국 어디서부터 어떻게 답을 써야 할지 모르는 것이지요.

초등학생들은 흩어진 생각을 정리해서 구조화하고 어떤 조건에 맞게 글을 쓰는 일을 대체로 어려워합니다. 따라서 평소에 조건이 있는 글이나 문장을 쓰는 연습을 해 주면 도움이 됩니다.

생각을 구조화하는 연습

- 글의 결론을 정확히 쓰기
- 내용을 요약해서 3문장으로 쓰기
- 장점 vs. 단점, 찬성 vs. 반대 등 상반된 의견을 쓰기
- 내 생각의 이유 쓰기
- 답안을 50자 이내로 쓰기

새로운 정책을 논의하는 것은 현행 제도의 문제점을 받아들이고 공론화해 변화를 시도하는 신호입니다. 우리 아이들이 치를 입시는 지금과 분명히 다를 것입니다. 따라서 눈앞의 과제에만 매달리기보다 고개를 들어 조금 더 멀리 내다볼 수 있어야 합니다.

| 3장 | 영어 실력을 키우는 반복의 힘 |

✖ 이 장을 읽기 전에 점검해 보세요.

☐ 아이의 영어 시작이 늦은 것 같아 불안함을 느끼고 있나요?

☐ 파닉스가 무엇인지 알고 있나요?

☐ 초등 영어 교육과정이 어떻게 구성되어 있는지 알고 있나요?

☐ 우리 가족만의 영어 공부법이 있나요?

☐ 영어 말하기·쓰기 등 특정 영역에만 치우쳐 공부하고 있지는 않나요?

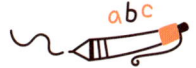

영어 유치원,
초등부터 역전 가능

'영어 교육 전문가는 자녀를 영어 유치원에 보냈을까?'

궁금한 분들이 많을 겁니다. 저와 제 주변 사례를 보면 일반 학부모들의 상황과 크게 다르지 않습니다. 다만 교육 전문가들은 비교적 아이의 성향을 잘 파악하여 학습 로드맵을 설계했을 가능성이 높습니다. 우리 아이에게 영어 유치원이 잘 맞을지 비교적 빨리 판단할 수 있지요.

단순히 영어 유치원은 좋다, 안 좋다를 이분법적으로 나누기는 어렵습니다. 아이마다 다르고, 상황마다 다릅니다. 영어 유치원을 졸업한 아이들을 보면 말하기 능력이 뛰어나 보입니다. 하지만 초등 3학년이 되면 다 똑같아진다던데, 진짜일까요?

늦게 시작해도 괜찮다

Eurydice(2023) 연구에 따르면, 학습을 11세에 시작한 학생들이 8세에 시작한 학생들과 같은 시간 동안 외국어를 배울 경우 더 좋은 성과를 낼 수 있다고 합니다.[*] 이는 외국어뿐 아니라 다른 영역에서도 비슷합니다. 해당 연령이 되었을 때 비로소 이해할 수 있는 영역이 존재하기 때문입니다. 한글도 입학 직전인 7살에 시작해도 6개월 만에 충분히 뗄 수 있습니다. 학습의 효율성으로만 본다면 명시적 수업 방식이 인지적으로 성숙한 학습자에게는 더 효과적일 수 있음을 보여 주는 예입니다.

지속적인 영어 학습이 없다면?

Suggate(2013) 연구는 읽기를 5세에 시작한 아이들과 7세에 시작한 아이들을 비교했을 때, 후자도 결국 동일한 수준까지 따라잡게 됨을 보여 줍니다.[**] 즉, 초등 이후라도 충분한 시간과 전략이 주어지면 역전이 가능하다는 증거입니다. 영어 유치원에서 배우

---

[*]   Eurydice, 《Key data on teaching languages at school in Europe》, Eurydice Network(European Education and Culture Executive Agency), 2023.

[**]   Sebastian P. Suggate et., Children learning to read later catch up to children reading earlier Early Childhood Research Quarterly, 2013.

는 수준은 그리 높지 않습니다. 유치원생들이 이해할 수 있는 범위를 넘지 않기 때문에 지속적으로 영어 학습에 투자하지 않으면 결국 초등 때는 누구나 따라잡을 수 있는 수준의 영어 능력만 남게 됩니다.

'얼리 스타터'와 '레이트 스타터'의 차이

조기 교육을 받은 학습자를 뜻하는 얼리 스타터(early starter)와 초등 고학년 이후에 학습을 시작한 학습자를 뜻하는 레이트 스타터(late starter) 사이의 격차를 연구한 결과는 많습니다. Jaekel 외(2022) 연구에 따르면, 초등 5학년까지는 학습을 일찍 시작한 학생들이 전반적으로 읽기와 듣기에서 더 높은 성취를 보였지만, 7학년이 되면 늦게 시작한 학생들이 오히려 더 나은 성과를 보이는 경우가 있었다고 합니다.[*] 교육 환경이 체계적이고 질이 좋다면 늦게 시작해도 충분히 뛰어난 성취가 가능하다는 것입니다.

우리나라 상황에 대입해 보면 초등 3, 4학년까지는 학습 성취도에 큰 차이가 느껴지지만, 초등 5, 6학년에는 그 격차가 줄고, 중등 시기 이후에는 오히려 늦게 시작한 학습자가 올라가는 경우도 있다는 뜻입니다. 일반적으로는 어린 나이에 시작할수록 발음과

---

[*]   Jaekel et al., The impact of early foreign language learning on language proficiency development from middle to high school, 2022.

유창성에서 유리하지만, 이는 일부 요소일 뿐 전체 학습 성취를 담보하지 않는다는 것이 많은 연구에서 나타나고 있습니다.

공교육보다는 뒤처지지 않아야 한다

성취도는 늦더라도 올라갈 테니 지금은 학습을 시키지 말고 기다리자는 이야기는 아닙니다. 영어 유치원을 다닌 아이는 기본적인 듣기, 말하기 실력을 쌓았으므로 다른 학습을 할 시간적인 여유가 생깁니다. 반대로 영어 유치원을 다니지는 않았지만, 모국어 능력을 키우기 위해 최선을 다했다면 이 역시 빛을 발할 것입니다. 우리 아이와 가정의 상황에 맞게 선택하는 것이 핵심입니다.

아이를 영어 유치원에 보내지 않아서 아이의 영어가 뒤처지는 것이 아닙니다. 따라잡을 기회는 여러 차례 있습니다. 하지만 그 시기를 놓친다면 회복하기 어렵습니다. 최소한 공교육보다는 뒤처지지 않아야 합니다. 초등 3학년이 되기 전에 파닉스를 도와주고, 초등 5학년이 되기 전에는 공교육에서 배운 표현으로 기본적인 독해가 가능한지, 문법을 배울 준비가 되었는지 확인해야 합니다. 그렇게 준비된 상태로 중학교에 간다면, 아이는 그 이후의 학습에서 본인의 문제와 부족한 점을 스스로 찾을 수 있습니다. 초등 시기에 부모의 역할이 중요한 이유가 바로 여기에 있습니다.

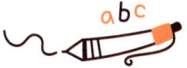

파닉스,
고민할 시간에 그냥 하자

영어에서의 문자 인지는 알파벳만을 이야기하는 것은 아닙니다. 알파벳의 조합인 파닉스를 학습하느냐 마느냐의 문제가 남아있기 때문입니다. 먼저 파닉스가 무엇인지부터 확인해 볼게요.

파닉스란?

한글은 자음과 모음을 조합하여 한 글자를 형성하고, 그 체계가 매우 규칙적입니다. 그래서 글자의 발음이 비교적 일관된 편입니다. 영어에는 알파벳이 26개 있고, 소리의 최소 단위인 음소는 44개가 있습니다. 따라서 음소와 철자의 관계가 상대적으로 불규칙

할 수밖에 없습니다. 영어는 한글과 달리 순차적으로 알파벳을 배열해서 단어를 만드는 형태인 거죠.

한글과 영어의 글자 조합
• 한글: ㄱ + ㅐ =개 • 영어: D+O+G=DOG

한글과 영어의 구조가 이렇게 다르기 때문에 우리말을 배울 때처럼 딱 한 번만 배우면 거의 대부분의 글을 읽고 쓸 수 있다는 개념으로 파닉스에 접근하다 보니 파닉스 무용론이 생긴 것입니다. 파닉스를 배워도 즉각적인 효과가 나타나지 않고, 모든 단어가 파닉스 규칙에 맞는 것은 아니기 때문에 파닉스를 배워도 소용이 없다고 생각하는 것이지요. 하지만 파닉스는 19세기 중반에 처음 등장해 21세기인 지금까지도 영어권 국가에서 매우 중요하게 생각하는 읽기 교육법입니다. 그러니 외국어를 배우는 입장에서 효율을 따지기 전에 의미 있는 학습법임은 인정해야 합니다.

이런 경우는 파닉스 하지 않기
파닉스 학습을 해야 하느냐 말아야 하느냐에 대한 논란은 보통

5~7세에 생깁니다. 문자 인지보다 소리 노출이 더 중요한 시기이기 때문입니다. 모국어인 한국어도 소리를 듣고, 말한 뒤에 글자를 배웁니다. 그렇다면 어린아이들에게 영어 소리 노출도 없이 글자부터 가르치는 순서가 이상해 보이지 않나요? 미취학 아이들에게는 모국어와 외국어 모두 문자 인지보다 소리 인지를 먼저 하도록 가르치는 것이 옳습니다. 아이가 영어 소리에 익숙하지 않은 상태에서 글자로만 학습하는 방법은 지양해야 합니다.

이런 경우는 파닉스를 꼭!

초등 3학년이 되면 공교육에서 영어 학습을 시작하며 알파벳과 파닉스를 배웁니다. 하지만 초등 3~4학년 영어의 성취 기준은 생각보다 높아서 아이마다 영어 수준이 천차만별인 교실 환경에서 차근차근 알파벳부터 시작하여 학습 목표에 도달하기에는 현실적인 어려움이 많습니다. 따라서 학교에서 영어를 시작하기 전에 기본적인 준비가 어느 정도는 되어 있어야 합니다.

2022개정교육과정 3, 4학년 성취 기준

① 이해

[4영01-01] 알파벳과 쉽고 간단한 단어의 소리를 듣고 식별한다.

[4영01-02] 알파벳 대소문자를 식별하여 읽는다.

[4영01-03] 쉽고 간단한 단어, 어구, 문장을 듣고 강세, 리듬, 억양을 식별한다.

[4영01-04] 소리와 철자의 관계를 이해하며 쉽고 간단한 단어, 어구, 문장을 소리 내어 읽는다.

[4영01-05] 쉽고 간단한 단어, 어구, 문장의 의미를 이해한다.

[4영01-06] 자기 주변 주제에 관한 담화의 주요 정보를 파악한다.

[4영01-07] 적절한 전략을 활용하여 담화나 문장을 듣거나 읽는다.

[4영01-08] 다양한 매체로 표현된 담화나 문장을 흥미를 가지고 듣거나 읽는다.

[4영01-09] 시, 노래, 이야기를 공감하며 듣는다.

[4영01-10] 자기 주변 주제나 문화에 관한 담화나 문장을 존중의 태도로 듣거나 읽는다.

② 표현

[4영02-01] 쉽고 간단한 단어, 어구, 문장을 강세, 리듬, 억양에 맞게 따라 말한다.

[4영02-02] 알파벳 대소문자를 구별하여 쓴다.

[4영02-03] 소리와 철자의 관계를 바탕으로 쉽고 간단한 단어를 쓴다.

[4영02-04] 실물, 그림, 동작 등을 보고 쉽고 간단한 문장으로 말하거나 단어나 어구를 쓴다.

[4영02-05] 자신, 주변 사람이나 사물의 소개나 묘사를 쉽고 간단한 문장으로 말하거나 보고 쓴다.

[4영02-06] 행동 지시를 쉽고 간단한 문장으로 말하거나 보고 쓴다.

[4영02-07] 자신의 감정을 쉽고 간단한 문장으로 말하거나 보고 쓴다.

[4영02-08] 자기 주변 주제에 관한 담화의 주요 정보를 묻거나 답한다.

[4영02-09] 적절한 매체나 전략을 활용하여 창의적으로 의미를 표현한다.

[4영02-10] 의사소통 활동에 흥미와 자신감을 가지고 대화 예절을 지키며 참여한다.

출처: 교육부

아이가 초등 3학년을 앞두고 있지만 아직 영어 학습을 시작하기 전이라거나, 영어 학습은 시작했지만 읽지 못하는 상태라면 파닉스 학습이 효과적일 수 있습니다. 소리 노출과 동시에 파닉스 학습을 제공해 주세요. 파닉스 학습을 통해 영어를 읽을 수 있게 됨으로써 아이는 자신감을 얻을 수 있습니다.

모든 아이들이 저절로 파닉스를 익히는 것은 아닙니다. 시기를 놓치지 않도록 도와주면 아이는 의미 있는 학습 성취를 이룰 수 있습니다. 파닉스 학습 자료를 제공하는 사이트들을 추천합니다. 아이의 연령에 맞는 책과 애니메이션으로 영어에 대한 공포나 거부감을 최소화하며 영어 학습의 발판을 마련해 주세요.

파닉스 학습에 도움이 되는 사이트

① Oxford Owl

옥스포드 대학 출판부에서 만든 '영어 읽기 학습 책'
을 볼 수 있는 사이트

② Alphablocks

26개의 알파벳 블록들이 단어를 만들며 일어나는
사건들을 통해 영어를 배울 수 있는 애니메이션

③ StoryBots: Laugh, Learn, Sing

노래를 따라 부르며 알파벳과 영어 단어를 배울 수
있는 애니메이션

초등 공교육의 현실
바로 보자

저희 아이가 어렸을 때는 저 역시 경험의 폭이 넓지 않았어요. 당시 회사에서 중등 영어 교과서를 개발하며 대학 입시 정보들을 주로 접했습니다. 그러다 보니 놓친 것들이 많았어요. 아이가 어릴 때 무엇을 해 줘야 하는지 잘 몰랐던 때였습니다. 그래도 입시까지 잘 도착하기 위해 무엇을 해야 하는지는 잘 알았기에 조바심이나 불안은 상대적으로 적었던 것 같아요.

그러던 중 초등 영어 교과서 팀에서 일할 기회가 생겼습니다. 큰아이가 초등 저학년 때쯤이었습니다. 그때 처음 알게 되었어요. 중·고등과 초등은 금성과 화성만큼이나 다른 시스템으로 돌아가고 있다는 사실을요.

교사 양성 시스템부터 교육과정까지 연계성이 거의 없고, 그로 인해 학교급 간의 단절도 심했습니다. 시장 조사를 해 보면 기초가 부족한 중학생들이 많았습니다. 그 원인을 초등 팀에서 일하면서 비로소 깨달았어요. 모든 시작은 초등부터였다는 것을요.

초등 교과서와 중·고등 교과서의 차이는 큽니다. 초등 영어의 경우, 3학년에 처음 시작하면서 많은 것을 1년 안에 해결해야 합니다. 영어를 시작하는 초등 3학년 1학기에 알파벳부터 시작하면 사실상 1년 동안 파닉스만 배워도 시간이 부족합니다. 초등 교육과정은 문자 학습을 지양하고 의사소통 중심으로 구성되어 있다 보니 알파벳을 배우면서 동시에 대화문을 배우는 기이한 현상이 벌어집니다.

교실이라는 제한된 공간에서 다양한 수준의 학생을 1대 다수로 가르쳐야 하는 초등 영어 선생님의 어려움은 이루 말할 수 없을 것입니다. 그래서 가끔 초등 교사를 대상으로 강연을 하면 다들 크게 한숨을 쉰답니다. 초등 아이들에게 영어는 처음 시작할 때부터 학습 부담이 큰 과목입니다. 따라서 이 시기에 기초를 체계적으로 다져 두면 이후 학년에서의 영어 학습은 훨씬 수월해집니다. 초등 영어는 '얼마나 많이 하는가'보다 '어떻게 시작하는가'가 중요합니다.

초등 영어 교과서의 아쉬운 점

14년 동안 영어 교과서를 개발하며 교육과정이 총 4번 바뀌었습니다. 고등 심화 교과서는 일반 고등학교에서 채택하는 교재가 아니라 외국어 고등학교, 국제 고등학교, 자율형 사립 고등학교 등에서 채택하는 교과서로, 우리나라 교육과정의 가장 상단에 있습니다. 반대로 초등 교과서는 교육과정상 가장 하단에 있습니다. 이 두 교과서 사이의 간극은 상당합니다. 저는 다양한 단계의 교과서를 두루 접하며 초등 영어 교과서의 문제점을 쉽게 찾을 수 있었습니다.

① 소리의 부재

초등 영어 교과서는 의사소통 중심으로 구성되어 영상, 대화문 등 듣기 활동이 많습니다. 그렇다면 왜 소리의 부재라는 표현을 쓰는지 궁금하실 겁니다. 초등 1, 2학년 시기에 영어에 전혀 노출되지 않은 상태에서 아이들은 초등 3학년 때 갑작스럽게 많은 대화문을 이해해야 합니다. 그러다 보니 알파벳이나 파닉스 같은 문자 인식 단계가 많이 축소되어 있습니다. 그 결과 소리 노출을 통한 음소 인식 단계를 충분히 거치지 않고 알파벳을 이름만 학습하고 넘어가는 경우가 많습니다. 가장 최소 단위인 음소를 배우고 인식하는 단계가 선행되어야 그 소리를 조합하는 연습도 할 수 있는데,

현실에서는 이러한 준비 없이 문자 교육부터 시작합니다.

한글은 초등 1, 2학년 시기에 긴 호흡으로 배우는 데 비해 외국어인 영어는 기초를 배우는 시간이 너무 짧은 것이지요. 2022개정 교육과정에서는 파닉스 교육을 강화하자는 내용이 눈에 띄었습니다. 소리와 철자의 관계를 중요하게 생각하고, 체계적으로 파닉스를 배울 수 있도록 구성하라는 것으로 보였어요. 하지만 파닉스 학습에 필요한 어휘를 충분히 활용할 수 없어서 이번에도 파닉스를 의미 있게 다루지 못하고 있습니다. 그래서 여전히 학생들이 소리를 듣고 익힐 기회가 적고, 처음 영어를 접하는 시기에 기본적인 파닉스 학습에 어려움이 있다는 것이 현재 초등 교과서의 문제점입니다.

② 학년 간의 간극

초등 교육과정은 1~2학년군, 3~4학년군, 5~6학년군으로 묶여 있습니다. 그래서 3학년에 처음 시작하는 영어 교과의 경우 3~4학년군에 알파벳, 파닉스, 기본 대화 등이 모두 포함되어 있습니다. 이 시기에 문자는 낱말과 어구 위주로, 음성 언어는 짧은 대화를 기본으로 구성됩니다. 그러다가 5학년이 되면 단순 낱말 학습이 문장 단위로 길어지면서, 대화문을 넘어 단락 단위의 글을 배우게 됩니다. 4학년에서 5학년으로 올라가는 지점에서 난이도가 크게 벌어지는 것이죠.

이때부터 많은 학생들이 영어 학습에 어려움을 겪습니다. 이는 다른 과목에서도 비슷한 현상이 나타나며, 초등 5학년 학생들이 학업에 어려움을 겪는 빈도가 높아집니다.

③ 문법 학습의 부재

교과서를 개발하는 과정에는 문법, 즉 언어 형식을 고려합니다. 단순 시제와 인칭에 따른 형태 변화, 단수와 복수형 등 기본적인 문법 내용을 담아 나선형으로 구성합니다. 하지만 실제 교실에서는 명시적인 문법 용어를 사용하지 않도록 권고하고 있습니다. 이 때문에 학교 현장에서 의문문을 만드는 연습, 3인칭을 만드는 연습, 과거 시제 연습이 쉽지 않다는 의견이 많습니다.

물론 중학교에 가면 기본적인 문법을 다시 배우는 시간이 있습니다. 하지만 이 시간 역시 길지 않아 사교육의 도움으로 해결해야 하는 현실적인 문제가 발생합니다. 그러므로 초등 5, 6학년이 되면 교과서 지문을 통해 초등 기본 문법 등은 어느 정도 익히는 것이 좋습니다.

④ 쓰기 학습 부족

교육과정이 바뀌며 쓰기가 전반적으로 강조되었습니다. 지필고사에서 서술형 문항의 비율이 높아지고, 수능에도 서술형 문항의 출제를 고려하고 있습니다. 초등부터 서술형 평가를 본격적으로 대비할 필요는 없지만 중등 시기부터 수행평가를 치르므로, 초등 시기에 기본 어휘는 확실하게 학습해 두어야 합니다.

　교과서의 목적은 기초 학습자를 위한 보편 교육입니다. 문제는 학교급 사이에 틈이 많아 사교육 없이 교과서만으로는 충분한 학습이 어렵다는 것입니다. 이 부분이 개선되어야만 우리가 말하는 '공교육 정상화'가 꿈이 아닌 현실이 될 수 있습니다.

기본 루틴 5개는
절대 놓치지 말자

'엄마표 영어'는 아이들이 학교에서 학습을 시작하기 전, 영어 학습에 필요한 환경과 토양을 만드는 데 긍정적인 역할을 합니다. 하지만 모든 가정에서 엄마표 영어를 실천하기는 어렵습니다. 맞벌이 가정이 늘면서 엄마의 역할이 커지는 것도 부담이 될 수 있지요. 이런 현실을 고려해 엄마표 영어를 매일 꾸준히 하기 어렵다면 아래 다섯 가지 방법을 조금씩 실천해 보세요. 공교육 영어 학습의 공백을 최소화할 수 있습니다. 이미 아이가 학원에 다니더라도 남는 시간이나 방학을 활용해 실천한다면 초등 시기의 영어 학습은 안심할 수 있습니다.

매일 5분 이상 영어 듣기

영어 교과서에 누락된 파닉스 단계의 소리 노출을 가정에서 채워 주는 것만으로도 큰 도움이 됩니다. 소리 노출 학습은 반드시 집에서만 이루어져야 하는 것은 아닙니다. 다만 학습을 하는 장소, 시간 등 구체적인 규칙을 정해 놓으면 좋습니다.

저도 아이들과 한 가지 규칙을 정했어요.

'엄마 차를 탈 때는 영어로 된 소리만 들을 수 있다.'

이 규칙 덕분에 저희 아이들은 제 차를 타면 노래도, 동화도, 뉴스도 모두 영어로만 들을 수 있다는 걸 당연하게 여기더라고요. 이처럼 아이들이 자연스럽게 여기는 습관을 만들어 주는 게 중요합니다. 초등 시기나 더 어릴 때라면 영어 학습을 위한 자연스러운 환경 형성이 가능합니다.

"영어로 무엇을 들려주어야 할지 모르겠어요."라고 망설이는 부모들을 위해 단계별로 들려주면 좋은 영어 듣기 콘텐츠를 안내해 드리겠습니다. 알파벳을 시작하는 단계인지, 파닉스를 시작하는 단계인지, 스토리를 읽어야 하는 단계인지에 따라 다양한 듣기 환경을 조성해 주세요. 편의상 연령 표기를 했으나, 연령에 관계없이 단계에 따라 선택하시면 됩니다. 아이의 단계에 맞는 영어 학습을 일상에 자연스럽게 스며들게 하는 것만으로도 충분합니다.

✖ 단계별 영어 듣기 콘텐츠

링크 모음
바로가기

4~5세(알파벳 시작 단계)

- Super Simple ABCs: The ABC Songs
- Patty Shukla Kids TV: Alphabet Song
- Busy Beavers: Alphabet Phonics A to Z
- Have Fun Teaching: Alphabet Songs
- Sesame Street: Elmo's Alphabet Songs
- ChuChu TV: Phonics Song with Two Words
- Singing Walrus: Phonics Song
- Maple Leaf Learning: ABC Song

5~6세(파닉스 단계)

- Alphablocks: Phonics Songs
- Super Simple Phonics: CVC Words Series
- Jolly Phonics Songs: s, a, t, i, p, n부터
- Little Fox Phonics Stories
- Jack Hartmann: Sing the Phonics Songs
- Fat Cat Books English with Mike: 3 letter words phonics

6~7세(노출 빈도가 높은 단어·기초 읽기)

- ABCmouse: Sight Words
- Jack Hartmann: Dolch Sight Words Review
- Little Fox: Sight Words Songs
- Rock 'N Learn: Sight Words Level 1
- ELF Kids Videos: 100 Sight Words Collection
- Little Fox Readers: Early Reading Stories
- Leaning Time Fun: 300 Sight Words for Kids
- The Fable Cottage: The wind and the Sun

7~8세(짧은 이야기 읽기)

- Little Fox: Level 1 Stories
- Highlights Kids: Educational Videos for Kids
- National Geographic Kids: Read with Chimney
- Reading Rainbow Classics
- Scholastic Storybook Treasures: Animated Read Alouds
- Barefoot Books: Singalong Stories
- Storyline Online: Celebrities Read Aloud
- Usborne Beginners Books

쉬운 영어책 3권 이상 읽기

미국이나 영국에는 교실에 레벨별 도서가 비치되어 있습니다. 우리가 사용하는 'AR(Accelerated Reader) 지수'가 바로 미국 교실에 비치된 영어책의 레벨에 근거한 것입니다. 우리나라 교실에는 주로 학년별 권장 도서가 비치되어 있습니다. 여기에 영어책은 비치되어 있지 않아서 초등 3학년이 되기 전까지 영어로 된 책을 접할 기회가 없는 학생들도 많습니다.

대신 우리나라 공공 도서관에 영어책이 수준별로 잘 갖춰져 있습니다. 몇 권씩 빌려 아이와 잠자리 독서로 읽어 보세요. 쉬운 영어책은 글밥이 적기 때문에 3권 정도 읽는 것이 크게 부담되지 않습니다. 습관이 잘 쌓이면 아이가 스스로 좋아하는 분야를 찾기도 합니다.

아이에게 취향이 생기면 서점에서 반복적으로 읽을 책이나 특별히 좋아하는 작가의 책을 구입하면 좋습니다. 처음부터 전집이나 특정 작가의 작품 시리즈를 구입하는 것은 좋은 선택이 아닙니다. 취향에 맞지 않아 책을 읽지 않는 아이를 보고 영어책 읽기 자체를 싫어한다고 오해할 수 있습니다. 그러므로 아이 취향을 먼저 찾는 게 좋습니다. 쉬운 책을 가볍게 접하게 해 주세요. 어떤 책을 골라야 할지 모르겠다면 다음 책을 참고해 보세요.

일상 표현을 영어로 바꾸는 연습

아이가 듣기와 읽기를 하다 보면 자연스럽게 말하고 싶어하는 순간이 옵니다. 이 시기의 아이는 말이 완전하지 않아도 영어로 중얼중얼 이야기하기 시작합니다. 이때 부모들이 가장 고민하는 게 화상 영어입니다. 화상 영어도 좋은 대안이 될 수 있지만, 우리 아이의 영어 학습이 초기 단계라면 준비가 필요합니다. 초기 단계에서는 학습의 효율이 떨어질 수 있기 때문입니다.

이럴 때는 간단한 인사말이나 기본적인 대화 패턴을 익히고, 영어로 옮기는 연습이 필요합니다. 짧은 문장을 영어로 들려주고, 아이가 따라 하거나 흉내 내도록 자연스럽게 유도해 주세요. 완벽하지 않아도 괜찮다는 경험이 쌓이면 아이는 영어 말하기에 대한 부담 없이 화상 영어 수업도 훨씬 안정적으로 받아들이게 됩니다.

- 다 먹었어요. → I'm done.

- 더 주세요. → More, please.

- 배불러요. → I'm full.

- 맛있어요. → It's yummy.

- 맛없어요. → I don't like it.

- 국물 주세요. → Soup, please.

- 물 주세요. → Water, please.

- 젓가락 주세요. → Chopsticks, please.

- 포크 주세요. → Fork, please.

- 심심해요. → I'm bored.

- 무서워요. → I'm scared.

- 화났어요. → I'm angry.

- 기뻐요. → I'm happy.

- 슬퍼요. → I'm sad.

- 같이 놀아 주세요. → Play with me, please.

- 안아 주세요. → Hug me, please.

- 도와줄까요? → Can I help you?

- 같이 해요. → Let's do it together.

- 뭐 해요? → What are you doing?

- 저도 하고 싶어요. → I want to try, too.

- 내 차례예요. → It's my turn.
- 하지 마세요. → Don't do that.

영어 단어는 스펠링까지 외우기

영어는 '말하기'는 물론 '쓰기'도 꼭 필요합니다. 하지만 쓰기는 영어 학습의 마지막 활동입니다. 듣기, 읽기가 충분히 되고 문법의 기본 규칙을 이해한 다음에야 올바른 글쓰기가 가능하기 때문입니다. 처음부터 문장 단위로 쓰기는 어렵습니다. 단어나 어구 위주로 시작해야 하는데, 요즘 아이들은 대부분 태블릿 PC로 학습을 시작하는 경우가 많다 보니 쓰기에 익숙하지 않습니다. 그래서 영어 단어 스펠링 암기도 부족한 경우가 많아요.

교육과정에는 초등 교과서에 언급된 단어들은 모두 스펠링까지 완전하게 쓸 수 있도록 제시되어 있습니다. 그러니 초등 시기에 스펠링 암기가 과한 과업은 아니라는 사실을 꼭 알아 두세요. 초등 6학년이 끝나기 전까지 초등 성취 기준 달성을 위한 기본적인 영단어 목록인 '교육부 지정 초등 영단어 800'을 완벽히 쓸 수 있어야 이후 학교급에서 어려움을 겪지 않습니다.

초등 영단어 800
바로가기

좋아하는 영상, 영어로 반복 감상하기

어느 정도 영어에 대한 좋은 감정과 학습 습관이 잡혔다면 호흡이 긴 영상을 보는 활동을 추천합니다. 영화를 보는 취미가 있다면 한 달에 한 번 정도는 가족 영화나 아이들이 좋아할 만한 영화를 골라 가족이 함께 보는 것을 권합니다. 디즈니 애니메이션이라면 무리가 없을 것 같아요. 유튜브 영상이 접근하긴 쉽겠지만 호흡이 긴 영상을 보면서 자기만의 취향을 찾아가면 좋습니다.

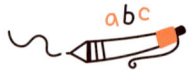

영어 아웃풋은
말하기만 있는 게 아니다

영어 유치원 열풍이 부는 것도, 엄마표 영어의 유행도 '발화 환상' 때문입니다. 학교에서 배운 영어, 입시 중심의 사교육으로는 우리가 그토록 원하는 '원어민처럼 말하기'가 어렵기 때문입니다. 이 문제는 부모 세대의 결핍에서부터 옵니다. 부모 세대들은 학교에서 하라는 대로 영어를 공부했지만 실제로 사교육의 도움을 받은 친구들이 더 나은 성과를 얻는 것을 보고 컸습니다. 이제는 부모가 되어 아이를 키우며 영어 유치원을 나온 다른 아이들의 성과가 눈부셔 보입니다. 이처럼 부모 세대의 불안과 결핍에서 시작된 조기 영어 교육 붐은 시간이 가도 가라앉을 줄을 모릅니다. 그래서 요즘 대치동에서는 7세 고시를 넘어 4세 고시라는 말까지 나왔습니다.

영유 신화에 열광할 필요는 없다

영어 유치원 졸업생들의 영어 발화는 6, 7세 아이들이 할 수 있는 대화 수준입니다. 영어 유치원에서 배운 영어가 토플 수준일 수는 없다는 뜻이지요. 그러니 영어 유치원 신화에 과도하게 열광할 필요는 없습니다. "선생님! 그래도 영유 나온 애들이 훨씬 실력이 좋던데요?"라고 말씀하실 수 있습니다. 그 경우는 영어 유치원을 졸업한 이후에도 동일한 시간과 비용을 들였을 가능성이 높습니다. 사실상 프리미엄 교육을 위해 고가의 비용이라는 대가를 치른 것입니다.

영어 유치원을 나오지 않았어도, 엄마표 영어를 해 주지 못했어도 영어는 얼마든지 다양한 방식으로 배우고 성장할 수 있습니다. 더불어 영어 말하기는 글쓰기로 보완할 수 있습니다. 당연히 둘 다 가능하면 금상첨화겠지요. 오히려 모국어가 집중적으로 발달할 시기에 외국어 학습에 몰입한 영어 유치원 출신 아이들은 수준 높은 우리말 연습에 따로 시간을 들여야 하는 아이러니도 있습니다. 그러므로 영어 학습에 시간을 쓰지 못했다고 한탄하기보다는 모국어를 단단히 했다고 긍정적으로 생각해 보세요. 그 모국어 실력으로 아이는 자신의 학년보다 높은 수준의 책을 읽고, 논리적인 글쓰기를 할 수 있습니다. 오히려 학년이 올라갈수록 어떤 아이들에게는 더 도움이 되기도 합니다.

영어 글쓰기의 단계

초등학교에 들어가면 받아쓰기부터 시작해서 문자로 표현하는 다양한 방법을 익힙니다. 그중 하나가 바로 일기 쓰기인데요. 요즘은 학교에서 주제 글쓰기 형태로 바꾸어 진행하고 있습니다. 국어 받아쓰기를 하다가 갑자기 대입 논술을 할 수 없듯이, 영어 쓰기도 마찬가지입니다. 하지만 많은 부모들이 영어 쓰기라고 하면 곧바로 에세이를 떠올립니다. 에세이는 쓰기의 최종 단계이며, 그전에 거쳐야 할 단계들이 있습니다.

�֎ 영어 쓰기 5단계

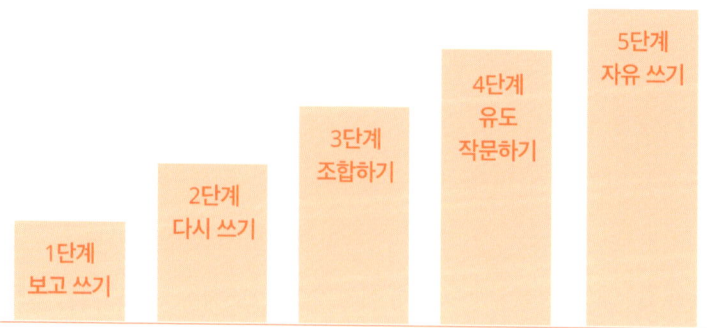

① 보고 쓰기	보고 쓰기는 당연히 필요합니다. 문법적 오류가 없는 좋은 문장을 보고 쓰는 단계를 거치는 것이 영어 쓰기 학습에 도움이 됩니다. 이를 필사라고 부릅니다.
② 다시 쓰기	보고 쓰기 이후에는 문장을 보지 않고 다시 쓰는 과정을 거칩니다. 단순히 외워서 다시 쓰는 과정이 아니라, 보고 쓴 문장을 떠올리며 작문하듯이 쓰는 과정입니다.
③ 조합하기	보고 쓴 문장에서 주어나 동사, 시제 등을 바꿔 쓰는 단계입니다. 이 단계에서는 문법이 정확해야 합니다. 주어의 인칭이 바뀔 때 동사에 -s나 -es를 붙여야 하는 것이든지, 단수와 복수를 자유롭게 쓰며 관사의 쓰임을 안다든지, 시제에 따라 동사의 형태를 바꾸어야 하는 것들을 배울 수 있습니다. 이 단계를 잘 보낸다면 문장의 정확성을 높이는 데 많은 도움이 됩니다.
④ 유도 작문 하기	앞 단계를 거치면 쓰기에 자신감이 올라갑니다. 단순 문장보다는 문단의 형태로 확장할 수 있고, 주제가 있는 글쓰기를 할 수 있습니다. 보통 교과서나 문제집에서 많이 보는 빈칸 채우기 유형이 유도 작문입니다.
⑤ 자유 쓰기	자유 쓰기야말로 비로소 에세이에 가장 가까운 형태입니다. 물론 에세이라고 해서 무조건 완벽한 수준을 말하는 것은 아닙니다. 좋은 에세이를 쓰기 위해 빈 종이에 짧게라도 글을 써 보는 연습을 하는 단계입니다.

AI를 활용하려면 문해력이 우선

영어 글쓰기의 꽃은 에세이입니다. 에세이를 쓰기 위해서는 생각을 논리적으로 정리하는 과정이 매우 중요합니다. 이는 우리말 글쓰기에서도 마찬가지입니다. 주장이 명확히 드러나고, 논리적인 근거를 잘 설명할 수 있는 글이 좋은 논설문입니다. 이와 같은 원리로 영어 에세이를 잘 꾸리기 위해서는 논리력과 문해력이 꼭 필요합니다.

요즘 AI의 발전이 눈부십니다. AI를 똑똑하게 활용하기 위해서라도 우리는 더더욱 논리력이나 문해력을 길러야 합니다. 기본적인 역량이 있는 상태에서 AI의 도움을 받는 것과 AI에 의존하는 것은 엄연히 다르기 때문입니다. 영어 과목은 타과목에 비해 AI 툴을 사용하고자 하는 유혹을 많이 받습니다.

이를 방지하기 위해 비판적 사고력을 먼저 탑재해야 합니다. 이때 필요한 것도 다름 아닌 심도 깊은 독서입니다. 독서의 중요성을 다시 한번 상기해 보는 계기가 되면 좋겠습니다.

| 4장 | 수학을 탄탄하게 하는 개념의 힘 |

□ 아이가 수학에서 특히 어려워하는 부분이 무엇인지 알고 있나요?

□ 아이의 학습 속도를 파악하고 있나요?

□ 일상에서 수학 개념을 자연스럽게 이해하도록 돕고 있나요?

□ 아이가 수학에 재미나 흥미를 느끼나요?

□ 수학 공부를 문제집 풀이에만 의존하고 있지 않나요?

초등 수학,
중등 실력의 뿌리

"선생님 아이들은 수학도 잘하나요?"

제가 아이의 수학 학습에 관심을 가지고 돕기 시작한 것은 큰아이가 초등 5학년 때였습니다. 저는 수학도 교육과정부터 확인해서 현재 아이가 성취해야 할 수준과 학습 요소를 파악했습니다. 영어가 5학년부터 어려워진다는 점을 알고 있기에 수학도 5학년이 고비일 거라고 생각했습니다. 수학 교육과정 변화를 참고하여 초등부터 중등까지 우리 아이의 학습 로드맵을 생각해 보세요. 수학은 교과만 따라가다가는 어려움을 느끼는 영역입니다. 꼭 초등 시기에 큰 그림을 그리고 시작하시길 바랍니다.

✖ 수학 교육과정의 대분류 변화

교육과정 / 학교급	2015개정	2022개정
초등	수와 연산	수와 연산
	도형	도형과 측정
	측정	
	규칙성	변화와 관계
	자료와 가능성	자료와 가능성
중등	수와 연산	수와 연산
	문자와 식	변화와 관계
	함수	
	기하	도형과 측정
	확률과 통계	자료와 가능성

    2015개정교육과정에서 2022개정교육과정으로 변경되면서 대분류에 변화가 생겼습니다. 단원의 순서가 바뀌고, 고등은 과목명이 변경되었습니다. 하지만 초등 시기에 배워야 할 기본 개념에는 큰 변화가 없었습니다. 수학은 위계 학문이라서 아래에서 배워야 할 것들이 빠지면 위가 흔들리는 구조입니다. 그러니 초등 시기에 꼭 배워야 할 내용을 건너뛰지 않고 정확하게 학습하고 넘어가는 것이 중요합니다. 초등은 중·고등 수학을 위한 단단한 뿌리를 만드는 시기입니다.

아이의 수학 교육을 점검하기

교육과정은 '최소한 이것은 꼭 지켜야 한다'라는 항목이므로 아이가 어려워하는 부분이 있는지 반드시 확인해 주세요. 잘 안 되는 부분이 있다면 반복해서 복습해야 학년이나 학급이 높아졌을 때 수학의 구멍이 생기지 않습니다.

✖ 학부모를 위한 학년군별 수학 교육 체크리스트

초등 1, 2학년	
수와 연산	☐ 0부터 100까지의 수를 읽고, 쓰고, 크기를 비교할 수 있는가?
	☐ 덧셈, 뺄셈의 의미를 '묶기, 나누기' 와 연결했는가?
	☐ 일상에서 수 세기 놀이를 자주 하는가?
	☐ 계산을 '외우기'보다 '이해하기' 중심으로 접근하는가?
도형과 측정	☐ 기본 도형(삼각형, 사각형, 원)의 특징을 말할 수 있는가?
	☐ 길이와 시간의 개념을 실제 생활과 연계했는가?
	☐ 집, 공원 등에서 도형 찾기 놀이를 해 보았는가?
	☐ 시계 보기, 달력 읽기 등 생활 속 측정 활동을 자연스럽게 하는가?
자료와 가능성	☐ 그림그래프나 막대그래프를 읽고 비교할 수 있는가?
	☐ 좋아하는 과자, 장난감 등으로 분류나 그래프 놀이를 해 보았는가?

학습 환경· 태도	☐ 수학 놀이와 스토리텔링을 병행하여 흥미를 유지하고 있는가?
	☐ 틀려도 괜찮다는 분위기에서 수학을 즐기게 하고 있는가?

초등 3, 4학년	
수와 연산	☐ 곱셈, 나눗셈의 개념을 실제 상황과 연결하여 이해시켰는가?
	☐ 분수, 소수의 기초 개념을 시각 자료나 조작 활동으로 지도했는가?
	☐ 돈 계산, 재료 계량 등을 생활에서 적용할 기회를 주는가?
	☐ '몇 배', '절반' 등의 표현을 일상 대화에서 쓰는가?
변화와 관계	☐ 패턴·규칙 찾기 활동을 통해 함수 개념의 기초를 다지고 있는가?
	☐ 숫자나 색깔, 모양 규칙 찾기 놀이를 해 보았는가?
도형과 측정	☐ 각도, 평면·입체 도형을 실제 사물과 연결해 설명했는가?
	☐ 넓이와 둘레의 관계를 구체적으로 경험하게 했는가?
	☐ 종이접기, 블록 놀이 등으로 도형 감각을 키워 주었는가?
자료와 가능성	☐ 표, 그래프 해석력을 기르기 위해 실생활 자료를 활용했는가?
	☐ 가족 취향, 날씨, 식습관 등 주제로 직접 표를 만들어 보게 하는가?
학습 환경· 태도	☐ 문제 풀이 중심에서 벗어나 사고 과정 기록을 장려하는가?
	☐ 오답을 두려워하지 않고 스스로 이유를 찾아보게 하는가?

초등 5, 6학년	
수와 연산	☐ 분수와 소수의 사칙 연산을 통합적으로 다루었는가?
	☐ 비율과 비례식을 실생활 맥락에서 지도했는가?
	☐ 할인율, 비율 계산 등을 함께 해 보았는가?
	☐ 식을 세우는 과정을 스스로 설명하게 하는가?
변화와 관계	☐ 문자와 식, 함수의 기초 개념을 실제 상황 문제로 제시했는가?
	☐ '식으로 표현하기' 놀이(예 아빠 나이+3)를 해 보았는가?
도형과 측정	☐ 각기둥, 각뿔, 원기둥 등 입체 도형의 성질을 실제 모형으로 다루었는가?
	☐ 단위 변환, 속력 등 복합 개념을 체계적으로 정리했는가?
	☐ DIY, 모형 만들기 활동을 통해 도형 개념을 시각화해 보았는가?
자료와 가능성	☐ 평균, 가능성 개념을 단순 계산이 아닌 '의미 이해' 중심으로 지도했는가?
	☐ 간단한 확률 놀이(동전, 주사위 던지기 등)를 해 보았는가?
학습 환경·태도	☐ 문제 해결의 다양한 방법을 인정하는 분위기를 조성했는가?
	☐ 논리적 근거를 말하는 습관을 지도했는가?
	☐ 아이의 풀이 방법을 존중하며 스스로 설명하게 하는가?
	☐ 꾸준히 공부 계획을 세우고 실천하는 습관을 지도하는가?

생활 속 수학을 활용하는 것도 중요하고, 교과의 교육과정을 제대로 이해했는지 확인하는 것도 중요합니다. 각 항목의 분류도 주의 깊게 살펴보면 좋습니다. 수와 연산은 고등에서 공통수학1의 대수 과목으로 연결됩니다. 변화와 관계는 함수와 방정식으로, 자료와 가능성은 확률과 통계로 연결됩니다. 이런 관계를 잘 알아야 초등 시기에 대수롭지 않게 넘기다가 나중에 수포자가 되는 길을 막을 수 있습니다.

선행 vs. 심화,
내 아이의 속도를 인정하자

큰아이는 지금도 이야기합니다.

"3학년 때 수학 문제 못 푼다고 엄마가 엄청 혼냈잖아."

그때의 일이 아이 마음에 응어리처럼 남았나 봅니다. 아이마다 학습 속도는 다릅니다. 하지만 제가 그랬듯 아이를 키우는 부모는 아이의 속도를 모릅니다. 그러니 조금씩 속도를 조절하며 맞춰 주세요. 우리는 흔히 '옆집에 사는 공부 잘하는 아이'를 보고, 다른 아이의 속도에 우리 아이를 끼워 맞추기 시작합니다. 그러다 나아지지 않으면 화내고 짜증 내기도 합니다. 저도 당시에는 몰랐습니다. 내 아이가 뒤처질 수 있고, 따라가지 못할 수 있다는 걸요. 어리숙한 초보 엄마의 시기를 지나고 벌써 고등 진학을 앞둔 큰아이를 보니 저도 아이도 성장했다는 생각이 들더라고요. 누구나 마찬가지입니다. 지금도 부모는 아이와 함께 성장 중입니다.

선행이 전부는 아니다

아이가 크고 보니 아이를 더 이해하지 못한 시간이 아쉽기만 합니다. 첫아이를 키우는 부모라면 꼭 신경 써 주세요. 내 아이의 역량 대신 주변 아이들의 선행 학습 속도에 맞추다 보면 때로 우리 아이가 부족해 보일 수 있습니다. 하지만 초등 시기에는 문과 성향인지, 이과 성향인지 정도의 큰 틀만 파악해도 충분합니다. 수학은 영어와 달리 수직적 학문이기 때문에 빠른 속도로 진행했더라도 구멍이 생기는 지점이 있으면 반드시 돌아와 그 부분을 메워야 합니다. 그런 면에서 따라가지 못하는 아이에게 선행 학습은 큰 의미가 없습니다.

저도 큰아이가 수학적인 감이 없고 남들만큼 따라가지 못한다는 사실을 인정하는 데까지 시간이 오래 걸렸습니다. 오히려 작은아이를 키우며 해답을 얻었습니다. 작은아이가 학년이 올라갈수록 어렸을 때는 보이지 않던 학업 역량이 나타나기 시작했습니다. 작은아이는 국어, 영어보다 수학, 과학에 더 큰 관심을 보였습니다. 그리고 시키면 시키는 대로 잘 따라와 주었습니다. 그 모습을 보고 큰아이에 대한 태도를 바꾸었습니다. 아이마다 타고나는 부분이 다르고, 각자의 강점과 약점이 있는데도 아이의 속도에 맞춰 주지 못하고 남들을 쫓느라 바빴던 것이지요.

전문가의 이야기에 귀를 기울이기

중요한 것은 전문가의 진단과 피드백입니다. 요즘은 아이를 좋은 대학에 보낸 부모님들이 경험담을 강연이나 유튜브로 전달하는 경우가 많습니다. 아이를 먼저 키워 본 제 이야기가 여러분에게 도움이 되듯 다른 부모의 이야기도 도움이 될 것입니다. 하지만 우리는 이런 개인의 경험담이 귀납적 결론에 불과함을 인지해야 합니다. 초보 학부모들은 그러한 이야기를 들으며 그들과 같은 행동을 하지 않으면 큰일이 날 것 같은 불안을 느끼기 쉽습니다. 예를 들어 보겠습니다.

1. A, B, C 학생이 초등 때 수학 선행을 했다.
2. 이 학생들은 모두 서울대학교에 입학했다.
3. 따라서 초등 때 수학 선행을 한 학생은 모두 서울대학교에 입학할 수 있다.

그럴듯해 보이는 이야기이지만, A, B, C 학생의 일부 사례에서 내용을 추론한 것이므로 결론은 반드시 참이 아닙니다. 개연성만 있을 뿐이죠.

개별적인 사례를 무작정 좇는 것이 얼마나 위험한 일인지 아시겠지요? 물론 아이를 키우는 부모에게는 항상 '혹시' 하는 마음이 작용합니다. 옆집 아이를 따라 하는 것도 같은 맥락입니다. 저는 영어 전문가이지 수학 전문가가 아닙니다. 그래서 수학 전문가인 학원 원장님이나, 학교 선생님들께 많은 조언을 구하는 것이 1순위였습니다. 전문가에게 아이의 현재 상태를 정확히 진단받은 뒤 아이를 지켜보며 학습 방향을 잡았습니다. 저에게도 기억을 더듬어 학교 때 배운 수학을 다시 살펴보는 시간이었습니다. 부모가 내용을 알아야 아이의 상태를 단순히 진단하는 것에 그치지 않고 개선할 수 있으니까요.

우리 아이의 속도에 맞춘 학습

6학년 때까지 농촌 유학을 하며 선행 학습을 하지 않았던 큰아이는 중등 1학년 자유 학년제 기간에 6학년 수학을 다시 차근차근 학습하는 것부터 시작하여, 아이의 속도에 맞게 학습을 해 나갔습니다. 고등학교 입학을 앞둔 지금은 A라는 우수한 성적을 받고 있을 뿐만 아니라 고등 준비도 충분히 되어 있습니다. 이는 저 혼자만의 판단이 아니라 전문가들의 조언을 참고한 결과입니다. 아이의 역량이 적정 수준에 달했을 때 학습 속도가 나게 되어 있습니다. 섣불리 우리 아이를 주변 친구들과 비교해 일반화하지 말고 전문가의 진단과 피드백을 받길 바랍니다.

도형과 단위,
실생활에서 마스터

　도형의 경우, 많은 전문가들이 초등 수준에서는 타고나지 않아도 충분히 학습할 수 있다고 합니다. 하지만 학부모 입장에서 체감하는 바는 다릅니다. 도형에 대한 타고난 감이 있는 학생과 그렇지 않은 학생의 차이가 꽤 있는 것 같지요.

　도형은 당연히 반복적인 문제 풀이로 학습해야 하지만, 초등 시기에는 문제 풀이보다는 일상에서 접하는 학습이 더욱 도움이 된다고 생각합니다. 우리 주변에 도형으로 이루어지지 않은 것이 없거든요. 도형과 더불어 단위도 일상 속 학습으로 감을 키워 주면 좋은 영역입니다.

생활 속 도형 학습

실생활에서 도형을 찾아보는 활동은 어린이집에서부터 많이 해 보았을 겁니다. 저는 영어 선생님인지라 영어 단어와 연결하여 평면 도형을 설명하는 과정도 빼놓지 않았습니다. 영어 단어의 어원을 통해 각의 수가 도형의 이름을 정한다는 사실을 알 수 있습니다.

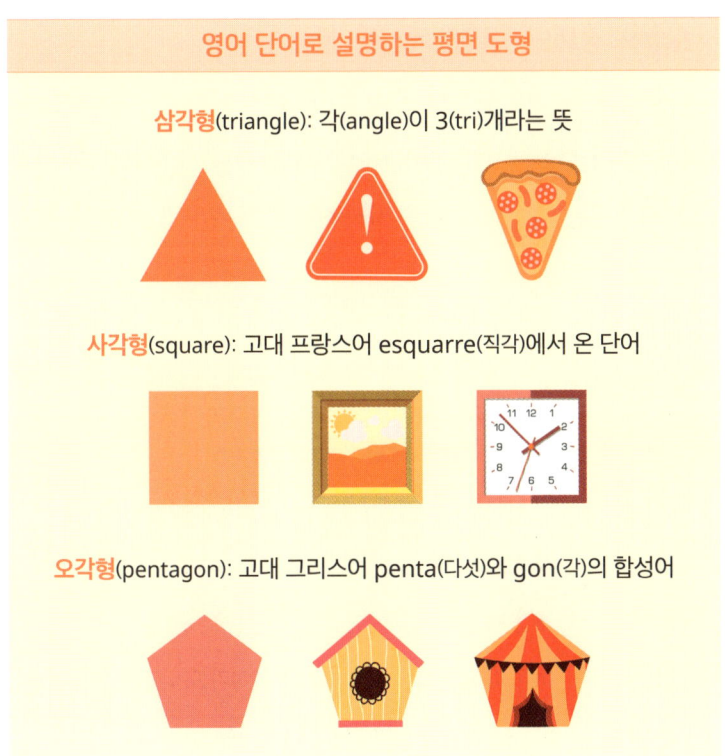

영어 단어로 설명하는 평면 도형

삼각형(triangle): 각(angle)이 3(tri)개라는 뜻

사각형(square): 고대 프랑스어 esquarre(직각)에서 온 단어

오각형(pentagon): 고대 그리스어 penta(다섯)와 gon(각)의 합성어

또한 주변의 사물과 연결하여 실생활에서 도형이 중요한 이유, 해당 모양으로 만들어진 이유 등을 이야기해 보는 것도 좋습니다. 예를 들어 스마트폰의 모양이 원형이 아니라 사각형인 이유를 이야기해 보는 것이죠. 이를 확장하여 입체 도형까지 학습할 수 있습니다. 실생활에서 도형을 익히는 활동은 미취학부터 초등 저학년까지 충분히 해 주시면 좋습니다.

도형의 정의와 성질을 확실하게

학년이 올라가면 접하게 될 도형 문제를 해결하기 위해서는 도형의 정의와 성질을 아는 것이 가장 중요합니다. 도형을 처음 접하는 아이에게는 아래의 내용을 정리해서 알려 주세요. 도형의 정의와 성질은 변하지 않으므로 중·고등까지 도움이 됩니다.

✖ 도형의 정의

선분	두 점을 곧게 이은 선
반직선	한 점에서 시작하여 한쪽으로 끝없이 늘인 곧은 선
직선	선분을 양쪽으로 끝없이 늘인 곧은 선
정삼각형	세 변의 길이가 같은 삼각형
정사각형	네 각이 모두 직각이고 네 변의 길이가 모두 같은 사각형
사다리꼴	평행한 변이 한 쌍이라도 있는 사각형

평행 사변형	마주 보는 두 쌍의 변이 서로 평행한 사각형
마름모	네 변의 길이가 모두 같은 사각형

✖ 도형의 성질

이등변삼각형	① 두 각의 크기는 서로 같다. ② 꼭지각의 이등분선은 밑변을 수직 이등분한다.
평행 사변형	① 두 쌍의 대변 길이가 각각 같다. ② 두 쌍의 대각 크기가 각각 같다. ③ 두 대각선이 서로 다른 것을 이등분한다.
사각형	① 직사각형: 두 대각선의 길이가 같고, 서로 다른 것을 이등분한다. ② 마름모: 두 대각선은 서로 다른 것을 수직 이등분한다. ③ 정사각형: 두 대각선의 길이가 같고, 서로 다른 것을 수직 이등분한다. ④ 등변 사다리꼴: 평행하지 않은 한 쌍의 대변의 길이가 같고, 두 대각선의 길이가 같다.

생활 속 단위 학습

단위야말로 늘 우리 주변에 있고, 실생활과 떼려야 뗄 수 없는 것 중 하나입니다. 아이들과 차를 타고 나들이를 떠날 때면 꼭 아이들이 이런 질문을 했습니다.

"엄마, 언제 도착해?"

그럴 때마다 출발 지점부터 도착 지점까지 거리와 현재 자동차의 속도를 알려 주면서 거리와 시간, 속도의 감을 익힐 수 있게 도 왔습니다. 킬로미터(km), 미터(m)는 물론 시속의 개념도 알 수 있 습니다. 주유를 할 때도 놓치지 않고 리터(l) 당 금액이 적힌 입간 판을 보며 단위를 설명했습니다. 아이들은 리터가 올라갈 때마다 가격이 올라가는 주유 기계를 보는 데서도 재미를 느끼더라고요. 이렇듯 우리는 생각보다 단위와 밀접하게 살아가고 있습니다.

단위 학습은 마트에서 가장 쉽게 할 수 있어요. 여러 단위를 찾 아보기 쉬운 곳이거든요. 먼저 아이들이 좋아하는 우유나 음료수 등 액체의 단위를 알아봅니다. 요구르트처럼 작은 크기의 음료는 몇 밀리리터(ml)인지, 초코 우유나 바나나 우유는 몇 밀리리터인 지 살펴보고, 생수나 큰 음료수처럼 리터 단위인 제품과 비교해 봅 니다. 액체 중에는 집에서 쓰는 샴푸, 세제, 기름이나 소스 등도 같 이 찾아보면 좋습니다.

아이들이 다 컸어도 여전히 활용하는 활동이 있어요. 바로 성분 표 읽기입니다. 아이들이 어릴 때는 단위를 학습하는 용도로 활용 했고, 지금은 어떤 성분이 우리가 먹고 마시는 음식에 들어가는지 를 살펴보면서 과학과 연결해 이야기를 나누는 용도로 활용하고 있습니다. 음식을 먹기 전에 당류나 탄수화물, 지방 등이 많은 음 식을 거르는 용도로 활용하기도 합니다. 저희 아이들은 어릴 때부 터 과자 상자나 음료수에 적힌 글자나 숫자, 단위를 읽는 습관을 기른 덕분인지 이런 활동들도 즐겁게 하고 있습니다. 아직도 저희 아이들이 수상하게 여기는 문구가 있습니다. 초코파이에 달걀, 밀, 우유, 대두, 쇠고기, 돼지고기 함유 문구요. 하하.

시간은 진법이 다르다

시계 읽기는 생각보다 어렵습니다. 디지털 시계에 익숙한 아이들에게는 더욱 그렇습니다. 외국에서는 실제로 아날로그 시계를 못 읽는 성인도 많다고 합니다. 우리나라는 어릴 때 아날로그 시계 읽기 교육을 철저하게 시키는 편이라 시계를 못 읽는 성인은 거의 없는 것 같습니다.

아이들이 시계 읽기를 어려워하는 이유는 진법이 다르기 때문입니다. 우리는 일상에서 10진법을 사용하지만 시간의 경우 12진법을 사용합니다. 이는 고대 이집트에서 하루를 12시간으로 나눈 것에서 시작되었다고 해요. 1년을 12달로 나누는 것도 그렇습니다. 시는 12시간, 분은 60분 단위로 이루어져 있습니다. 큰바늘이 3을 가리키면 3시이지만, 작은바늘이 3을 가리키면 15분이지요. 가정에 아날로그 시계를 비치해 두고 자연스럽게 익히도록 알려 주면 좋을 것 같습니다.

오답 노트가
실력의 거울이다

　영어든 수학이든 학습의 기본 과정은 비슷합니다. 학습 내용을 입력하고 머릿속에서 조직화한 후, 말 또는 글로 설명할 수 있어야 합니다. 영어는 문법을 제외하고는 딱히 풀이 과정을 쓸 일이 없습니다. 정확한 해석이 선행되어야 문제를 잘 풀 수 있지요. 하지만 수학은 학년이 올라갈수록 풀이 과정을 정리해 써야 하는 비중이 커집니다. 따라서 풀이 과정을 노트나 문제집 빈 곳에 쓰는 연습을 해야 합니다. 따라서 저학년 때 반드시 식을 세우는 연습이 필요합니다.

오답 노트 정리에도 때가 있다

저도 아이들이 고학년이 되면서 깨달았습니다. 풀이 과정을 쓰고, 틀린 문제를 다시 풀어 보는 과정이 중요하다는 것을요. 이 과정에 가장 좋은 것이 오답 노트 정리입니다. 하지만 아이들이 가장 싫어하는 것도 오답 노트 정리지요. 이미 풀었던 문제를 다시 푸는 것은 어른들에게도 고역이니까요.

그래서 저도 많은 시행착오를 겪었습니다. 큰아이에게 오답 노트를 강요하던 시기가 있었습니다. 오답 노트 정리는 아주 유용한 방식이지만 수학이 싫고 틀리는 문제가 너무 많은 경우에는 좋은 방법이 아니더라고요. 오답의 개수가 어느 정도 줄어든 다음에야 비로소 효과를 보는 것이 오답 노트 정리입니다.

수학에 재미 붙이기

이미 수학에 대한 감정이 좋지 않은데 틀린 문제를 보고 또 보라니. 학습에는 반복이 필수지만 그보다 '수학은 내가 못하는 과목'이라는 인식을 지우는 것이 먼저였습니다. 아이가 수학에 재미를 느끼고, 할 만하다고 생각하는 시점에 정교함을 더하기 위해 오답 노트를 활용하는 것이 정답이었어요.

먼저 연습장에 문제를 풀고 교재에는 정답인지 오답인지만 표시한 후에 틀린 문제만 다시 연습장에 풀게 하는 방식을 추천합니다. 하지만 수학을 싫어하는 학생들은 이런 정리조차 어려워합니다. 교재에 바로 문제를 풀고 식도 엉망, 글씨도 엉망입니다. 제가 도움을 받았던 방법 중 하나는 유튜브 채널 '대치동 캐슬'의 고대원 원장님이 추천한 '포스트잇 활용'이었습니다. 포스트잇에 풀이 과정을 정리하는 방법으로, 자신의 풀이를 쓰거나 선생님이나 해답지의 풀이를 그대로 옮겨 적습니다. 이렇게 정리하는 단계를 마련해 주는 것이 필요하더라고요.

◎ 오답 노트 예시 ◎

그렇게 중구난방이었던 수학 학습에 대한 체계를 마련하고 나니 큰아이의 오답이 줄고, 오답을 다시 노트에 옮겨 적으면서 풀이를 복기하는 것이 가능해졌습니다. 이 방식은 고등까지 유효합니다. 고등에서는 한 문제의 풀이가 굉장히 길어져 쓰지 않고는 정리를 할 수 없는 상황이 오거든요. 그때는 문제를 그대로 옮겨 적기보다는 문제집 이름, 쪽수, 번호 등을 써 놓고 풀이 과정만 오답 노트에 쓰는 것도 방법입니다.

앱이나 AI를 활용하기

수학 앱 중에는 '콴다'라는 앱이 유용합니다. 모르는 문제를 찍어 올리면 바로 풀이해 주는 앱이에요. 초등 수학은 앱이나 AI까지 활용할 수준은 아닙니다. 수학 교과서 개념을 제대로 이해하고, 연산 문제집, 개념 문제집, 유형 문제집을 활용하는 것만으로도 무리가 없습니다. 하지만 자기 주도 학습력이 뛰어난 학생들의 경우, 심화 수준의 문제를 풀고 싶어 하거나 자발적으로 선행 학습을 진행하고 싶어 하는 학생들도 있습니다. 또는 경시 대회나 사고력 문제 등에 도전하고 싶어 하는 학생들도 있지요. 수준에 맞지 않는 지나친 선행 학습을 지양하라는 것이지 아이가 원한다면 얼마든지 진도를 나가도 문제가 없습니다.

그럴 때 유용한 것이 바로 앱이나 AI를 활용하는 것입니다. 아이가 자신의 속도에 맞게 선행 또는 심화 진도를 나가다가 막히는 문제를 해결하는 데 앱을 활용하면 유용합니다. 모든 아이들이 자기 주도 학습을 할 수 있는 것은 아닙니다. 앱을 숙제의 정답을 베끼는 용도로 사용하는 아이들도 많습니다. 따라서 부모님이 먼저 아이를 충분히 파악한 뒤에 활용할 것을 추천합니다.

18세 미만 학생은 AI 사용이 제한되는 경우가 있습니다. 이때는 아이의 AI 사용을 도와주거나 프롬프트를 미리 작성해 두면 도움이 됩니다.

프롬프트 예시

① 개념 이해용

- 초등 3학년 아이가 '분수'를 처음 배우고 있어요. 아이 눈높이에 맞춰 분수의 의미를 쉽고 재미있게 설명해 주세요. 일상생활 예시도 넣어 주세요.
- 초등 5학년 아이가 '약분' 개념을 어려워해요. 그림과 비유를 활용해서 단계별로 설명해 주세요. 연령에 맞게 안전하고 적절한 내용으로만 알려 주세요.

② 문제 풀이 연습용

- 초등 4학년 곱셈 문제 10개를 쉬운 것부터 어려운 것까지 만들어 주세요. 답도 같이 알려 주세요.
- 초등 6학년 나눗셈 서술형 문제를 5개 만들어 주세요. 풀이 과정을 한 단계씩 설명해 주세요. 아이 연령을 고려해 작성해 주세요.

③ 오답 분석·설명용

- 아이가 다음 문제를 틀렸어요. '36÷6=5'라고 답했는데 왜 틀린 건지 어떻게 설명해 주면 좋을까요? 아이에게 적절하지 않은 예시는 제외해 주세요.
- 아이가 분모가 다른 분수의 덧셈에서 자꾸 실수해요. 실수 유형과 올바른 풀이 방법을 설명해 주세요. 유해하거나 불필요한 내용은 넣지 말아 주세요.

④ 실생활 연결·동기 부여용

- 초등 2학년 아이가 수학을 지루해해요. 마트, 요리, 놀이 같은 생활 예시로 재미있게 수학을 가르칠 수 있는 활동 5가지를 알려 주세요.
- 초등 5학년 아이에게 '비율'을 설명할 때 쓸 수 있는 실생활 예시를 알려 주세요.

⑤ 학습 계획·진단용

- 초등 3학년 아이의 수학 학습 로드맵을 1년 기준으로 짜 주세요. 교과서 개념 중심으로 정리해 주세요.
- 초등 4학년 아이가 어떤 단원을 어려워하는지 진단할 수 있는 10문제 테스트를 만들어 주세요. 아이에게 적합하고 유해하지 않은 문제로 구성해 주세요.

문제집만?
수학책도 읽자

　강원도 원주에 '데카르트 책방'이라는 독특한 수학 책방이 있습니다. 이곳에는 없는 것이 하나 있는데요. 바로 '수학 문제집'입니다. 수학 책방에 문제집이 없다니 의아하시죠? 저 역시 수학책 하면 가장 먼저 문제집과 자습서를 떠올렸으니까요. 그런데 문제집을 제외하고 수학에 관한 책으로 책방을 열 수 있을 정도라니 놀랍더라고요. 우리는 수학 공부를 할 때 문제집을 풀며 열심히 시험 연습을 합니다. 하지만 시험을 위한 연습만 한다면 수학자 허준이 박사 같은 분이 나올 확률은 더 줄어들 것입니다.

사고를 넓히는 수학책

이런 이야기를 하면 초등 저학년 학부모들은 '단순 연산 말고 사고력 수학을 해야 하나요?', '영재 교육을 해야 하나요?'라고 질문할 수 있습니다. 하지만 무작정 사교육에서 만들어 놓은 틀 속으로 들어가 방법을 찾는 것은 경계해야 합니다. 수학적 호기심에서 출발해 관련 책을 찾아보는 탐구가 가장 좋습니다. 다소 시간이 오래 걸리고 비효율적으로 보일지 모르지만, 수학에 관심이 많은 학생들에게는 선순환이 될 수 있습니다. 개인적으로 도움이 된 책과 유명한 시리즈를 정리해 보았습니다.

수학책 추천 시리즈

〈개념씨 수학나무〉 시리즈
김은경 외 지음 | 그레이트북스

예비 초등부터 생활 속 수학 개념을 익힐 수 있는 시리즈. 동화 형태로 아이들이 재밌게 읽을 수 있도록 구성되어 있고 문제집을 접하기 전, 숫자 세기 단계부터 활용할 수 있다.

〈코믹 메이플스토리 수학도둑〉 시리즈

여운방 외 지음 | 서울문화사

초등 수학의 기본 개념은 물론 중등 수학까지 준비할 수 있는 수학 학습 만화 시리즈. 기본부터 응용까지 총 5단계로 구성되어 있고, 수학 문제 워크북을 통해 실제 수학 공부에 도움이 된다.

〈와이즈만 스토리텔링 수학동화〉 시리즈

권재원 외 지음 | 와이즈만북스

글밥이 많은 편으로 초등 3학년 이상이 읽으면 좋은 시리즈. 수학을 싫어하는 학생들도 거부감 없이 읽을 수 있다.

5장

사회, 과학의 깊이를 더하는 호기심의 힘

✖ 이 장을 읽기 전에 점검해 보세요.

☐ 아이가 새로운 것에 대해 자연스럽게 질문하나요?

☐ 사회, 과학은 암기 과목이니 국영수보다 쉽다고 생각하나요?

☐ 아이의 학습에 유튜브나 디지털 콘텐츠를 적절히 활용하고 있나요?

☐ 아이에게 책, 영상, 체험 활동 등 다양한 경험을 제공하고 있나요?

☐ 아이가 가진 잠재력이나 흥미 분야를 파악하고 있나요?

궁금증?
끝까지 파고들어야 한다

"초딩이야?"라는 말에는 부정적인 의미가 강하지요? 그 이유는 초등 아이들이 갖춘 지식이 얕다고 생각하기 때문일 것입니다. 다른 한편으로는 엉뚱한 상상을 잘하는 어린아이의 모습을 나타내는 것이라고 볼 수도 있습니다. 궁금증과 호기심이 많아 이것저것 묻고 관찰하는 행동을 빗대어 '초딩 같다'고 말하는 것이 아닐까요.

호기심의 불꽃

순진하고 천진난만한 아이들이 보는 세상은 어른들과는 다를 것입니다. 아이의 창의력을 키운다고 체험 학습 기관에 보내고, 호기심을 키운다고 과학 실험 학원에 보냅니다. 물론 이런 활동이 아이가 가진 호기심의 방아쇠를 당길 수도 있습니다. 하지만 진정한 호기심은 이미 아이 안에 있습니다. 부모님은 그저 그 불꽃을 꺼뜨리지 않도록 지켜 주는 것만으로도 큰 도움이 됩니다.

아이의 호기심을 지켜 주는 방법

- 질문 존중하기: "쓸데없는 질문이야."라고 하지 말고, 질문을 인정해 주세요.
- 함께 탐구하기: 정답을 바로 알려 주기보다 "우리 같이 찾아볼까?" 하고 과정을 경험하게 해 주세요.
- 실패도 학습으로 바라보기: 결과가 좋지 않아도 "끝까지 해냈네!" 라고 과정을 칭찬해 주세요.
- 호기심 확장하기: 아이가 궁금해하는 것을 책, 영상, 실험으로 연결하여 지식을 확장해 주세요.

호기심 많은 아이들은 기본적으로 탐구심과 주도적으로 문제를 해결하려는 의지가 강합니다. 이런 성향은 아이가 성장하면서 더욱 뚜렷해질 것입니다. 만약 아이의 호기심이 과학이나 수학 등 특정 분야에서 발견된다면 과학 고등학교나 영재 고등학교처럼 특수 목적 고등학교를 고려해 볼 만합니다.

호기심 많은 아이들의 특징

- 질문이 많다: "왜?", "어떻게?", "만약에?" 같은 질문을 자주 해요.
- 끝까지 확인한다: 답을 듣거나 직접 확인할 때까지 질문을 멈추지 않아요.
- 관찰력이 뛰어나다: 남들이 쉽게 지나치는 작은 것들을 눈여겨봐요.
- 실패를 두려워하지 않는다: 궁금증을 해결하는 과정에서 여러 번 시도해요.

아이들의 호기심은 다양한 가지로 뻗어 나갈 수 있습니다. 사회 현상에 대한 호기심이 경제나 금융으로, 과학 현상에 대한 호기심이 특정 과학 분야로 확장될 수 있습니다. 무언가에 파고드는 지적 호기심은 우리 아이들의 사회·과학 탐구 역량과 관련이 깊습니다.

사회, 과학은
초등 고학년이 골든 타임

국영수가 특히 중요하다고 말하는 이유는 다른 과목에 비해 탄탄한 기본기를 바탕으로 꾸준히 학습해야 하는 과목이기 때문입니다. 반면 사회나 과학은 '암기 과목이니 쉽게 따라잡을 수 있다'라고 생각합니다. 하지만 암기도 습관이자 능력입니다. 암기도 꾸준히 연습해야 느는 법입니다. 결국 초등 시기에 기초 학습을 꾸준히 한 학생들이 학년이나 학교급이 올라간 후 사회, 과학 과목에서도 두각을 나타냅니다. 학습이 하루아침에 이루어지는 경우는 없거든요.

초등이 골든 타임인 이유

아이에게 "왜?"라는 질문을 처음 들은 것은 언제였나요? 아이들은 네다섯 살쯤이 되면 주변의 모든 일에 궁금증을 갖습니다. 유아기를 지나 초등 고학년 시기가 되면 질문의 깊이가 깊어집니다. 그래서 궁금증을 깊이 있게 끝까지 파고드는 것이 중요하다고 말씀드린 것입니다.

초등 시기에 배우는 사회, 과학은 생활과 밀접하게 연결되어 있습니다. 머리로만 배우던 지식이 현실과 직결되는 시기라는 뜻이지요. 초등은 그 물꼬를 트는 시기이며 중등은 물론이고 고등까지 심화되어 연결됩니다. 그 관계를 부모들이 미리 인지한다면 아이의 학습 로드맵을 그리는 데 도움이 될 것입니다.

사회 학습 로드맵 그리기

초등 시기에는 사회 과목에 사회와 역사가 포함되어 있지만, 중등으로 올라가면 사회와 역사로 과목이 구분됩니다. 초등 사회와 중등 사회의 차이점과 연계성을 살펴보고 학습 로드맵을 구성해 보세요. 학교마다 조금씩 편차가 있기에 학년별, 학기별 표기는 하지 않았습니다.

✖ 초·중등 사회 단원

초등		중등	
3-1	• 우리가 사는 곳 • 일상에서 만나는 과거	사회1 (중 1, 2 대상)	• 세계화 시대, 지리의 힘 • 아시아 • 유럽 • 아프리카 • 아메리카 • 오세아니아와 극지방 • 인간과 사회 생활 • 다양한 문화의 이해 • 민주주의와 시민 • 정치 과정과 시민 참여 • 일상생활과 법 • 인권과 기본권
3-2	• 사회 변화와 다양한 문화 • 옛날과 오늘날의 생활 모습		
4-1	• 지도로 만나는 우리 지역 • 우리 지역의 국가유산 • 경제 활동과 지역 간 교류		
4-2	• 민주주의와 자치 • 지역 문제를 해결하고 지역을 알리는 노력 • 다양한 환경과 삶의 모습		
5-1	• 우리 국토의 위치와 영역 • 우리 국토의 자연 환경 • 우리 국토의 인문 환경 • 인권을 존중하는 삶 • 헌법과 인권 보장 • 법의 의미와 역할	사회2 (중 2, 3 대상)	• 인권과 헌법 • 헌법과 국가 기관 • 경제생활과 선택 • 시장 경제와 가격 • 국민 경제와 국제 거래 • 국제 사회와 국제 정치 • 인구 변화와 인구 문제 • 사람이 만든 삶터, 도시 • 글로벌 경제 활동과 지역 변화 • 환경 문제와 지속 가능한 발전 • 세계 속의 우리나라 • 더불어 사는 세계
6-1	• 우리나라의 정치 발전 • 우리나라의 경제 발전		
6-2	• 지구, 대륙 그리고 국가들 • 세계의 다양한 삶의 모습 • 지구촌의 평화와 발전 • 통일 한국의 미래		

초등 5학년 2학기 사회 과목에 한국사 내용이 포함됩니다. 사회 과목은 5학년부터 학습량이 늘어납니다. 중등 과목인 역사1은 세계사, 역사2는 한국사입니다.

초등		중등	
5-2	• 고조선의 성립과 발전 ~ 대한민국 정부 수립, 6.25 전쟁과 피해	역사1 (중 1, 2 대상)	• 문명의 발생과 고대 세계의 형성 • 세계 종교의 확산과 지역 문화의 형성 • 지역 세계의 교류와 변화 • 제국주의 침략과 국민 국가 건설 운동 • 세계 대전과 사회 변동 • 현대 세계의 전개와 과제
		역사2 (중 2, 3 대상)	• 선사 문화와 고대 국가의 형성 • 남북국 시대의 전개 • 고려의 성립과 변천 • 조선의 성립과 발전 • 조선 사회의 변동 • 근·현대 사회의 전개

과학 학습 로드맵 그리기

과학은 물리, 화학, 생물, 지구 과학으로 나뉩니다. 사회와 마찬가지로, 고등에 올라가면 개별 과목으로 나누어 심화 내용을 배웁니다. 자세히 들여다보면 초등 과학에도 물리, 화학, 생물, 지구 과학의 기초를 다지는 단원이 있습니다. 예를 들어 '생물의 한살이'는 생물, '물체와 물질'은 물리에 해당하지요. 전체 커리큘럼을 보면 과학도 초등 5학년부터 어려워집니다. 과학도 마찬가지로 초등과 중등 단원의 차이점과 연계성을 살펴보고 학습 로드맵을 구성해 보세요.

✖ 초·중등 과학 단원

초등		중등	
3-1	• 힘과 우리 생활 • 동물의 생활 • 식물의 생활 • 생물의 한살이	1학년	• 과학과 인류의 지속 가능한 삶 • 생물의 구성과 다양성 • 열 • 물질의 상태 변화 • 힘의 작용 • 기체의 성질 • 태양계
3-2	• 물체와 물질 • 지구와 바다 • 소리의 성질 • 감염병과 건강한 생활		
4-1	• 자석의 이용 • 물의 상태 변화 • 땅의 변화 • 다양한 생물과 우리 생활	2학년	• 물질의 구성 • 전기와 자기 • 태양계 • 식물과 에너지 • 동물과 에너지 • 물질의 특성 • 수권과 해수의 순환

4-2	• 밤하늘 관찰 • 생물과 환경 • 여러 가지 기체 • 기후 변화와 우리 생활		• 열과 우리 생활 • 재해, 재난과 안전
5-1	• 과학자는 어떻게 탐구할까요? • 온도와 열 • 태양계와 별 • 용해와 용액 • 다양한 생물과 우리 생활		
5-2	• 과학자는 어떻게 탐구할까요? • 생물과 환경 • 날씨와 우리 생활 • 물체의 운동 • 산과 염기	3학년	• 화학 반응의 규칙과 에너지 변화 • 기권과 날씨 • 운동과 에너지 • 자극과 반응 • 생식과 유전 • 에너지 전환과 보존 • 별과 우주 • 과학 기술과 인류 문명
6-1	• 과학자처럼 탐구해 볼까요? • 지구와 달의 운동 • 식물의 구조와 기능 • 여러 가지 기체 • 빛과 렌즈		
6-2	• 전기의 이용 • 계절의 변화 • 연소와 소화 • 우리 몸의 구조와 기능 • 에너지와 생활		

탐구 영역, 초등부터 수능까지

사회, 과학은 초등부터 중·고등, 심지어 수능까지 연계되어 있고, 학년이 올라가면서 점차 심화됩니다. 생각보다 많은 부분이 연계되어 있어서 학습량이 본격적으로 많아지는 중등 시기에 공부를 놓치지 않으려면 초등 고학년부터 준비해야 합니다.

사회, 과학은 단순한 교과로서의 위치, 그 이상이라고 생각합니다. 앞으로는 아이들이 진로를 보다 이른 시기에 정해야 하는 시대가 올 텐데요. 관심 분야를 멀리서 찾지 않으셨으면 합니다. 아이의 호기심을 바탕으로 교과 활동에서 특별히 관심을 보이는 분야를 따라가 보세요.

저희 집의 경우, 큰아이는 비교적 일찍 진로를 정한 데 반해 작은아이는 그렇지 않았습니다. 그래서 지금도 작은아이가 사회와 과학 중 어떤 과목에 더 관심을 가지는지 살피고 있지요. 만약 아이가 사회 과목에 관심이 많다면 지리, 역사, 경제, 정치 중 어디에 관심이 많은지 세분화해서 살펴보세요. 과학에 관심을 가진다면 물리, 화학, 생물, 지구 과학 중 어떤 영역에 관심이 많은지를 세심하게 관찰하는 것이 좋습니다.

유튜브,
똑똑하게 쓰자

음식점에서 밥을 먹을 때 유튜브를 보는 아이들을 보면 걱정이 됩니다. 한편으로는 부모들의 고생도 이해되고요. 하지만 너무 어린 시기에 영상에 의존하는 것은 지양해야 합니다. 물론 초등 시기부터는 주변 환경으로 인해 피할 수 없는 부분도 있습니다. 그럴 때는 아이와 영상 시청과 미디어 사용에 대한 규칙이나 서약서를 마련해 보세요. (158쪽 스마트폰 사용 서약서 예시 참고)

유튜브도 쓸모가 있다
학생들의 이해를 돕기 위해 학교 수업 시간에 PPT 자료나 교육용 영상을 활용하는 경우가 있습니다. 내용을 명확하게 전달해야 할 때는 눈으로 직접 보는 시각 정보가 훨씬 유용합니다. 글로만 자료를 읽었을 때는 추상적으로 이해하거나 각자 상상하는 영역이 생기게 마련이니까요. 학교 수업처럼 정확한 정보와 지식을 전달하는 데는 불편한 점이 있는 것이죠. 요즘은 다양한 시각 자료를 쉽게 얻을 수 있습니다. 가장 큰 역할을 하는 것은 '유튜브'가 아닐까 싶습니다.

유튜브는 아이들이 접하는 콘텐츠와 사용 시간의 제한 없이 볼 우려가 있어서 조절하여 사용하도록 지도해야 합니다. 이때 유튜브의 긍정적인 면을 극대화하여 교육용 자료로 활용하는 것도 하나의 묘수가 될 수 있습니다.

✖ 유튜브 플랫폼의 특징

장점	• 학습 동기 유발 • 학습 흥미 유발 • 시각적 이해 • 반복 시청으로 복습 용이 • 발음, 억양 등 소리 노출 가능 • 직접 방문하지 못하는 외국의 문화 자료 활용 가능

단점	• 광고, 자극적인 콘텐츠로의 이동 위험
	• 정확하지 않은 정보의 습득
	• 추가 활동 없이 시청 단계에서 종료

유튜브를 교과와 연계해 활용하기

AI디지털교과서(이하 AIDT)의 개발은 시대의 변화를 반영하는 것이라고 볼 수 있습니다. 다양한 콘텐츠를 효과적으로 학습에 활용할 수 있는 방안이 마련된 것이지요. AIDT의 효용은 단순한 영상 제공이 아닙니다. AIDT의 핵심 목적은 개별화 교육과 수준별 학습을 지원하는 데 있습니다. 따라서 시각 교육 자료의 활용만 놓고 본다면, AIDT가 교육 현장에 들어올 때까지 기다릴 필요는 없습니다. 가정에서는 유튜브를 연계 학습 도구로 충분히 활용할 수 있지요.

다만 앞서 말씀드렸듯이 유튜브는 장단점이 분명한 도구입니다. 따라서 단순 영상 시청에서 끝나지 않고, 쓰기 등 추가 활동으로 연계되도록 안내해 주세요. 교육 영상으로 활용할 만한 유튜브 채널을 몇 가지 소개해 드리겠습니다. 영어 발음에 자신 없는 부모님이나 사회, 과학을 어떻게 지도해야 할지 모르는 부모님도 활용하기 좋은 채널이 많으니 참고하시면 도움이 될 것입니다.

✖ 아이의 관심 분야를 발견하는 유튜브 채널

학년	교과	단원명	채널명	추가 활동
3학년	영어	전체	Super Simple Songs	홈페이지에서 제공하는 추가 활동지 활용
			English Singsing	
	사회	우리 고장의 모습	클래스로그	우리 동네 지도 그리기
	과학	식물의 생활	SciShow Kids	식물의 한살이 그리기
5학년	역사	근현대사	지니스쿨 역사	시간 순서에 맞게 노트 정리하기
6학년	과학	지구와 달의 운동	KLT	지구와 달의 운동 실험 키트로 만들기
전체	사회	세계 수도	밀크티타임	세계 수도송 듣고, 지도에서 찾아 표시하기
	과학	다양한 동물	Nat Geo Kids	한글 또는 영어로 동물 특성 정리하기

EBS로 아이의 관심사 찾기

제가 아이들과 함께 관심 분야를 찾고, 진로를 탐색할 때 가장 많이 활용하는 것이 바로 EBS 자료입니다. EBS에서 운영하는 유튜브 채널의 영상 자료들을 학습에 간편하게 활용하고 있습니다.

아이와 인문, 사회, 과학 분야에서 궁금한 점을 이야기해 보세요. 그리고 관련 주제에 대한 유튜브 영상을 찾아 함께 시청하면서 아이가 어떤 분야에 흥미가 있는지 살펴보세요. 금방 흥미를 잃고 집중하지 못하는 내용이 있고, 빠져들어서 집중하는 내용이 있다면 그 순간을 놓치지 않습니다. 관련 내용의 다른 영상이나 책을 추천해서 아이가 그 분야에 대해 조금 더 탐구하도록 도와줍니다.

EBS 영상의 경우 아이들이 혼자 보기엔 어려울 수 있으므로 부모님이 함께 시청하는 것이 좋습니다. 아이가 흥미를 보인다면 보다 쉬운 내용의 영상이나 책으로 복습할 수 있도록 안내해 주면 됩니다. 이런 방식으로 함께 이야기를 나누며 유튜브를 활용한다면 학습과 흥미를 모두 잡는 일석이조 아닐까요?

EBS 넘버스 시리즈

파이, 무한대, 허수, 피타고라스 등 어려운 수학 개념을 초등 수준에서 이해할 수 있게 만든 다큐멘터리로 어른들이 봐도 손색없고, 중·고등학생들도 교과서를 벗어나 새로운 관점으로 볼 수 있는 채널

스마트폰 사용에 대한 규칙을 정하고 지키게 하여 미디어를 건강하게 사용할 수 있는 힘을 길러 주세요. 행동에 대한 책임감을 기르는 연습도 됩니다.

◎ 스마트폰 사용 서약서 예시 ◎

저 ___김초등___ 은 아래 내용을 지켜
미디어 사용을 스스로 조절할 것을 약속합니다.

1. 평일 ___30___ 분 / 주말 ___60___ 분
2. 숙제 및 해야 할 일을 모두 마친 후에 시청한다.
3. 잠들기 1시간 전에는 보지 않는다.
4. 약속한 시간이 되면 스스로 멈춘다.
5. 광고는 클릭하지 않고, 낯선 링크는 절대 누르지 않는다.

위 규칙을 지키지 않을 시:
___지키지 않은 날만큼 스마트폰 쉬기___

위 규칙을 잘 지켰을 시:
___일주일 단위로 잘 지켰을 시 원하는 간식 먹기___

서명: 김초등

여름엔 야외 활동,
겨울엔 실내 박물관

아이가 중학생만 되어도 학교의 수행평가, 지필고사 일정에 맞추다 보면 여행은커녕 주말 외출도 쉽지 않습니다. 중·고등학생을 위한 체험이나 프로그램은 많지만, 시간적 여유가 없어 참여하지 못하는 경우가 많습니다. 그러니 초등 시기에 가능한 많은 경험을 해 보기를 추천합니다.

저와 아이들은 농촌 유학 동안 할 수 있는 모든 야외 활동, 체험 활동을 다 했다고 해도 과언이 아닐 정도로 열심히 했습니다. 이 경험은 아이가 중학생이 되어도 새로운 도전을 두려워하지 않게 해 주었습니다.

아이에게 필요한 체험 학습

저는 교과 단원을 학년별, 교과별로 나누어 '노션(Notion)'이라는 앱에 정리해서 활용했습니다. 교과 관련 책에 나오는 장소, 영화 내용과 연계되는 역사적 장소 등도 메모해 놓았습니다. 평소에 틈틈이 정리해 두었다가 필요한 시기나 휴가철이 되면 메모를 열어 아이들의 체험 학습 프로그램을 짜는 데 활용했습니다. 박물관 등 활동 장소를 고를 때 도움을 받았던 사이트를 알려 드리겠습니다. 어떤 활동 프로그램이 있는지 확인해 두었다가 체험 학습에 활용해 보세요.

✖ 체험 학습 참고 사이트

링크 모음
바로가기

역사 체험 학습 참고 사이트
• 국립중앙박물관 www.museum.go.kr
• 어린이박물관 www.museum.go.kr/CHILD
• 한국민속촌 www.koreanfolk.co.kr
• 전쟁기념관 www.warmemo.or.kr
• 국립지도박물관 www.ngii.go.kr/map/main.do

과학 체험 학습 참고 사이트
• 국립과천과학관 www.sciencecenter.go.kr

- 국립중앙과학관 www.science.go.kr

- 서울시립과학관 science.seoul.go.kr

- 국립생태원 www.nie.re.kr

- 국립환경과학원 www.nier.go.kr

- 서울에너지드림센터 seouledc.or.kr

진로 체험 학습 참고 사이트

- KYWA 한국청소년활동진흥원 www.kywa.or.kr

- 한국잡월드 www.koreajobworld.or.kr

✖ 학년별 교과 연계 체험 학습 프로그램

학년	교과	단원명	기관명	체험 학습 프로그램
1학년	과학	물체의 무게	국립과천과학관	기초 물리 실험, 물체 이동·무게 비교 체험
	사회	가족과 이웃	서울어린이박물관	가족·이웃 역할 체험, 공동체 놀이
2학년	사회	우리 고장 탐구	국립중앙박물관 어린이박물관	우리 지역의 역사와 문화유산 체험
	과학	소리와 진동	서울시립과학관	진동·음파 실험, 소리 전파 원리 체험
		빛과 그림자	대전시민천문대	빛의 반사, 별자리 관측

3학년	사회	지역 사회의 변화	한국민속촌	전통 생활·문화 체험, 민속 공예
		전통 문화 이해	안동 하회마을	전통 마을 답사, 유교 문화 체험
	과학	날씨와 기후	기상청 기상체험관	날씨 관측 및 기상 예보 체험
		자석과 자기장	광주과학관	자석 실험, 자기력 체험
4학년	사회	지도와 지형	국토지리정보원 지도박물관	지도 제작과 지형 관찰
		우리 지역의 발전	수원화성박물관	역사 도시 변화, 성곽 모형 제작
	과학	물의 상태 변화	국립중앙과학관	물의 순환·기체 실험
5학년	사회	산업과 교통	한국잡월드	직업·산업·교통 체험, 진로 탐색
		환경과 지속 가능성	국립환경과학원 환경체험관	환경 보존, 기후 변화 전시
	과학	생태계의 구성	국립생태원	생태계 관찰, 멸종 위기종 전시
		우주와 태양계	국립항공우주 박물관	항공기·로켓 전시, 천문 체험
6학년	사회	민주주의와 국가 기관	대한민국 국회	의회 견학, 모의 의회 체험
		세계 속의 한국	국립외교원 외교사료관	세계 외교 역사 전시

	과학	에너지의 전환	서울에너지 드림센터	신재생 에너지 체험, 태양광 실험
		전기의 이용	부산과학체험관	전기 회로, 에너지 실험

AI로 호기심을 넓히기

이론적으로는 아이의 호기심을 지켜 주는 방법을 알고 있어도, 막상 실천으로 옮기기란 쉽지 않습니다. 부모들도 지식에 한계가 있어서 아이의 호기심을 모두 해결해 주기는 어렵지요. 다행히 요즘에는 AI라는 새로운 해법이 등장해 도움을 받을 수 있습니다. 보다 안전하고 유익하게 AI를 활용하고 싶다면 울산교육청에서 개발한 AI 사이트를 참고해 보세요. 초등학생도 비교적 안심하고 활용할 수 있습니다.

우리아이AI

아이들이 국어, 영어, 수학, 사회, 과학, 역사 등 전 과목에 대한 지적 호기심을 해결할 수 있도록 교사가 직접 만든 생성형 AI 사이트

영재원 기회,
예전보다 가까워졌다

"영재원 준비해요?"

이 질문을 처음 들은 건 큰아이가 초등 3학년 때였어요. 동네 엄마들 사이에서 슬슬 영재원 준비를 해야 한다는 이야기가 오가기 시작한 시기였습니다. 모든 아이가 영재일 리가 없는데도, '우리 아이가 혹시?'라는 생각에 부모의 욕심은 요동칩니다. 흔들리지 않는 굳건한 교육관을 가지고 있다고 생각한 저도 혹했던 게 사실입니다.

저는 영재원을 추천하지 않는 입장이었습니다. 하지만 입시 제도가 바뀌며 영재원을 경험하기가 수월해졌고, 과거에 비해 경쟁

률도 낮아졌습니다. 이제 영재원은 특별한 아이만을 위한 곳이 아니라 누구에게나 열린 곳입니다.

영재원, 누구에게나 추천

영재원의 종류는 대학 부설 영재원, 교육청 영재원 등 다양합니다. 영재원은 각각 입학 전형 방법도 모두 달라 준비를 다르게 해야 합니다. 그중에는 정말 뛰어난 아이를 가려내기 위한 시험을 치르는 곳도 있습니다. 만약 관문이 높은 영재원에 합격했다면 우리아이가 다른 아이들보다 뛰어난 것이 맞으니 의심하지 않으셔도 됩니다. 그런데 저는 그런 특별한 경우가 아니라도 누구에게나 문이 열린 영재원이 많다는 것을 알려 드리고 싶습니다.

현재는 영재원 수료 기록을 학생부에 기재할 수 없기 때문에 예전만큼 경쟁률이 치열하지 않습니다. 만약 우리 아이가 평소에 수학과 과학에 관심이 많다면 아이의 관심사에 따라 영재원을 고려해 보세요. 각 시도교육청마다 호기심과 탐구심이 있는 아이에게 기회를 주는 곳이 많습니다.

모든 아이는 특별하다

작은아이는 이과 성향이 강해서 영재원을 경험하게 해도 좋겠다는 생각이 들었습니다. 경기도교육청의 경우, 당시에는 시험이나 자기소개서, 탐구 활동 보고서 등을 요구하지 않았습니다. 물론 형식적으로 지원 동기 등을 작성했지만 당락을 좌우하지는 않았습니다. 학교에서 교사 추천을 받아야 하는 절차는 있었지만 놀랍게도 100% 추첨제였습니다. 교육청에 문의했을 때 "우리 영재원은 '모든 아이는 특별하고, 모든 아이는 영재다.'라는 전제로 학생을 뽑고 있습니다. 시험이 아닌 무작위 추첨제로 시범 운영하고 있으며, 유의미한 결과가 나오고 있습니다."라고 말했습니다. 이러한 운영 방침이 저의 교육관과 일치한다고 생각해 영재원에 지원했습니다. 그리고 운이 따라 주어 작은아이는 영재원에 다니게 되었습니다.

영재원 과정을 수료하면서 제가 느낀 점은 '모든 아이들이 영재다'라는 모토를 잘 실현하고 있고, 그것이 모든 아이들에게 기회를 열어 주는 일이라는 점이었습니다. 영재원은 아이가 평소 생각하지 못했던 질문을 스스로 떠올리고 해결하는 기회를 제공했습니다. 매주 주어지는 과제와 수료 과정은 쉽지 않았습니다. 처음에는 부모가 많은 시간을 들여 도와주어야 했습니다. 하지만 공교육에서 채워 주지 못하는 부분을 선행 학습이 아닌 다른 방식으로 채울 수 있었고, 상위 학교의 교육과정을 미리 맛볼 수 있었습니다. 실생활과 학습의 연계도 가능했으며 함께 수업하는 친구들을 보며 서로 동기 부여하는 시간이 되기도 했습니다.

사고를 넓히는 AI 도구

영재원 수업을 꼭 추천하는 또 다른 이유가 있습니다. 과제를 할 때 아이들은 '캔바'라는 앱을 활용해 PPT를 만들어 제출하고, '비디오 스튜'라는 앱을 활용해 비디오를 만들어 제출했습니다. 당시 작은아이는 4학년이었는데도 불구하고 선생님의 설명을 한 번 듣고 모든 툴을 스스로 활용했습니다. 과제 제출도 구글 클래스룸을 통해 이루어졌죠. 일반적으로는 중등 시기에 경험하는 것을 영재원에서 미리 경험해 본 것이었습니다. 아이들은 세상에 다양한 툴이 있고, 이를 학습에 활용할 수 있다는 것을 배웠습니다.

요즘은 초등 고학년 정도 되면 학교 교실에서도 이러한 툴을 종종 활용합니다. 이러한 디지털 활용 능력을 미리 경험하는 것은 아이들의 사고 확장에 여러모로 도움이 된다고 생각합니다.

학습에 도움을 주는 AI 수업 도구

- 디자인 툴 - 캔바, 미리캔버스
- 비디오 툴 - 캡컷, 비디오 스튜
- 수업 참여 툴 - 패들렛, 구글클래스룸, 카훗

과학고, 영재고의 싹

분명 특별한 아이들이 있습니다. 남들과 다른 비상한 역량을 가진 영재들이 있지요. 그런 아이들의 잠재력을 발견할 수 있는 곳이 바로 영재원입니다. 물론 평범한 아이들에게도 초등 때 경험하는 영재원 수업은 의미가 있습니다. 작은아이에게 영재원 수업은 아이가 어떤 분야에 관심이 있는지 구체적으로 알게 된 계기가 되었습니다. 다음 학년에는 아쉽게도 추첨에서 떨어졌지만요.

저는 작은아이가 수학과 과학에 관심이 많다고 생각했습니다. 실제로 영재원 수업을 하다 보니 아이는 자신이 과학보다는 수학에 더 흥미가 있는 것 같다고 하더라고요. 그리고 반도체나 AI 관련 수업 등 코딩 관련 수업에는 흥미가 없다고 했습니다. 어떤 분야를 직접 경험해 보지 않은 아이들의 경우, 막연하게 진로를 선택하는 경우가 있습니다. 그런 점에서 어릴 때 영재원에서의 경험은 향후 진로를 정하는 데에도 도움이 됩니다.

어릴 때 영재원 수업이나 체험 활동을 통해 과학 고등학교나 영재 고등학교 진학의 꿈을 꿀 수도, 그 꿈의 싹을 알아볼 수도 있습니다. 요즘 입시 상황에서는 과학 고등학교나 영재 고등학교 진학을 위해서는 남들보다 더 빠른 교과 선행이 필수입니다. 그러니 이런 경험을 미리 해 보지 않고 선행만을 위한 선행을 하다가 자신이 선택한 분야와 맞지 않는다는 결론에 도달한다면 아쉬운 점이 많을 것입니다. 예를 들어 공학 분야와 의학 분야 중 어디에 더 관심이 많은지는 아이도 직접 경험해 보지 않으면 알 수 없습니다.

미리 진로 탐색하기

관심 분야가 명확해야 탐구 분야를 정할 수 있습니다. 진심으로 관심 있는 것을 탐구하는 것이 고교 학점제에서 요구하는 탐구 역량이니까요. 사교육에 의존하지 않고 아이의 진로를 탐색하는 한 가지 방법으로 영재원을 선택하면 도움이 될 것입니다. 그런 경우라면 심화 과정까지 꼭 마칠 것을 권장드립니다.

11월 말부터 'e알리미'에 다음 학년을 위한 영재원 모집 공고가 올라옵니다. 기관마다 조금씩 모집 시기가 다르기 때문에 항상 눈여겨보면 좋아요. 영재 교육 정보는 '영재교육종합데이터베이스'에서 확인할 수 있습니다.

현재는 예전에 비해 영재원의 지원자 수가 줄어든 추세이며, 높은 경쟁률을 보이는 일부 기관을 제외하면 어렵지 않게 경험해 볼 수 있는 분위기입니다. 만약 우리 아이가 수학, 과학에 관심이 많다면 꼭 도전해 보시기를 바랍니다.

e알리미

온라인으로 신속하게 정보를 받을 수 있고 즉각적인 회신이 가능한 스마트 가정 통신문으로, 학사 일정, 반 배정, 시간표 등 중요한 정보를 간편하게 확인할 수 있는 서비스

영재교육종합데이터베이스

영재 교육 관련 정보들을 모아 관리하는 종합 관리 시스템으로 전국 시도교육청 및 영재 교육 기관의 영재 선발 공고를 확인할 수 있는 사이트

| 6장 | 중등 생활을 결정하는 태도의 힘 |

✳ 이 장을 읽기 전에 점검해 보세요.

☐ 학교알리미와 나이스를 알고 있나요?

☐ 교과서를 어떻게 읽어야 하는지 알고 있나요?

☐ 중학생이 되면 초등 때와 무엇이 달라지는지 구체적으로 알고 있나요?

☐ 부모가 아이 대신 모든 일을 처리해 주고 있지는 않나요?

☐ 고교 학점제에 대해 알고 있나요?

☐ 자기 주도 학습의 중요성에 대해 알고 있나요?

학교알리미와
나이스를 아시나요?

아이가 곧 중학교에 입학할 예정이라 두근거리는 마음으로 준비 중인 부모님이라면 꼭 알아 두어야 할 사이트가 있습니다. 바로 '학교알리미'와 '나이스(NEIS) 학부모서비스'입니다. 학교알리미는 공교육 주요 정보를 공시함으로써 교육의 투명성 제고 및 국민의 알권리 보장을 위해 2008년도에 도입되었습니다. 초등부터 고등까지 모든 학교의 주요 정보를 제공하고 있지만 초등 학부모들은 모르는 분들이 많습니다. 자녀가 진학 또는 전학을 해야 하는 상황이 오면 반드시 확인해야 하는 정보들이 있으니 기억해 두시기를 바랍니다.

이 정보는 꼭!

자녀의 중학교 입학 준비를 위해 관심 학교의 정보를 미리 알아두면 도움이 됩니다. 학교알리미에서는 최근 3년간의 학교 정보를 살펴볼 수 있습니다. 학생 수, 교원 수 등의 기본적인 정보부터 학교의 교육과정 편성, 동아리 활동 현황, 학교 폭력 실태 조사 결과 등 세부적인 내용까지 모두 게시됩니다. 자녀가 가게 될 학교가 어떤 곳인지 궁금하거나, 자녀를 어떤 학교에 보내야 할지 고민될 때 결정적인 판단 기준이 될 수 있는 자료들입니다.

학교알리미

전국의 중·고등학교 또는 아이가 현재 다니고 있는
초등학교의 기본 정보를 파악할 수 있는 사이트

✖ 학교알리미 공시 정보 예시

교육활동	학교 교육과정 편성·운영 및 평가에 관한 사항	• 교육과정 편성·운영 계획서 • 현장 체험 학습 운영계획 • 연간 학사 일정 • 창의적 체험 활동 운영 계획
	동아리 활동 현황	학생 자율 동아리 운영 계획

교육 여건	학교 폭력 대책 심의 위원회 심의 결과	• 학교 폭력 사안 심의 결과 • 폭력 유형별 심의 현황 • 피해 학생 보호 조치 현황 • 가해 학생 선도 교육 조치 현황
학생 현황	졸업생의 진로 현황	졸업생의 진로 현황
학업 성취 사항	교과별 교수·학습 및 평가 계획에 관한 사항	• 학년별 전과목 교수·학습 및 평가 계획 • 학업 성적 관리 규정
	교과별 학업 성취 사항	학년별 교과별 학업 성취 사항

나이스는 필수!

나이스(NEIS) 학부모서비스에는 아이의 초등학교 기록까지 모두 나와 있습니다. 중등 이후에 나이스에서 반드시 확인해야 할 내용은 아이의 생활 기록부와 성적입니다. 요즘은 종이 성적표가 사라진 학교가 많습니다. 모두 전산화되어 나이스로 성적을 확인하죠. 시험이 끝나면 2~3일간 성적 정정 기간이 있습니다. 아이들이 성적을 직접 확인하고 문제가 있다면 정정이나 이의 신청을 하는 기간입니다. 그리고 부모는 확정된 성적표를 온라인에서 확인할 수 있습니다. 그래서 이제 성적표 조작은 없습니다. 원천봉쇄이지요.

나중에 문제가 생기지 않도록 학교에서 알림이 오면 꼭 아이의 최종 성적을 확인하시기 바랍니다. 과목별 평균과 내 아이의 성적, 학기별 변화 등도 상세히 기록되어 있습니다. 선생님의 코멘트도 확인할 수 있으니 꼭 기억해 두세요. 중학생의 경우 자유 학기제를 제외하고 2, 3학년의 과목별 세부 특기 사항(세특)은 모든 학생에게 써 줄 의무가 없습니다. 학교마다 다르지만 대개 10~20%의 학생들에게만 기록됩니다. 과목별 세특에 기록이 있다면 아이가 수업에 잘 참여했다는 의미이니 아이를 칭찬해 주세요. 만약 특수 목적 고등학교(특목고) 진학을 희망하는 학생이라면 독서록과 함께 꼭 챙겨야 할 항목입니다.

이제 조금 실감이 나시나요? 초등과 중등은 준비부터가 다르다는 것을요. 그럼 본격적으로 중등 생활을 엿보러 가 보겠습니다.

나이스(NEIS) 학부모서비스

학부모에게 자녀의 성장 발달 상황을 한 눈에 확인할 수 있는 다양한 학교생활 정보를 제공하며, 자녀의 성적, 건강, 급식 및 각종 신청 정보를 편리하게 조회할 수 있는 사이트

교과서
제대로 읽기

요즘은 집으로 교과서를 가져오는 일이 거의 없다 보니 부모가 교과서를 제대로 구경도 못 하는 게 현실입니다. 초등학교에는 지필고사가 없고, 수행평가도 대부분 학교에서 진행하니 가정에서 알 길이 없습니다. 앞서 5장에서 안내해 드린 것처럼 초등 교육과정과 중등 교육과정은 긴밀하게 연결되어 있습니다. 학습은 교과서 읽기부터 시작합니다. 만약 초등 시기에 교과서 읽기 연습이 충분히 되어 있지 않다면 중등 시기에 고전을 겪을 수도 있습니다.

초등 시기가 기초 역량을 기르는 데 힘쓰는 시기였다면 중등 시기는 다릅니다. 초등 때 키운 역량으로 본격적인 학업 역량을 키우는 시기이죠. 꼼꼼한 독서로 기른 문해력으로 교과서를 꼼꼼히 읽고, 매일 조금씩 공부하던 습관으로 엉덩이 힘을 기르는 시기입니다. 부모님이 알려 주는 대로, 선생님이 시키는 대로 공부하던 모습에서 나아가 스스로 계획하고 선택하는 때입니다. 학습 관리의 주체가 자기 자신이 되어야 하는 성장의 시기인 것입니다. 우리 아이가 유치원에서 초등학교에 입학했을 때처럼 부모의 세계도, 아이의 세계도 업그레이드되어야 합니다.

교과 중심으로 바뀌는 수업 구조

초등 시기에 수학을 배울 때 덧셈, 뺄셈, 구구단처럼 교과 학습에 필요한 기본 연산 학습도 하지만, 한쪽으로는 사고력 수학에 대한 관심의 끈을 놓지 않습니다. 가능성이 많은 초등 시기에는 내면의 그릇을 키우는 일에도 신경을 써야 하니까요. 하지만 중학교에 진학하면 본격적으로 교과 중심의 학습을 진행할 수밖에 없습니다. 가장 큰 이유는 시간 부족입니다. 하루는 24시간이고, 중등 시기에는 지필고사와 수행평가가 기다리고 있습니다.

초등 때는 경험해 보지 못한 평가들입니다. 초등 시기에 수행평가와 단원 평가를 봤다고 해도, 준비 기간이 아주 짧고 매우 잘함, 잘함, 보통 정도로 나뉘는 성적은 크게 변별력이 없습니다. 중등은 다릅니다. 성취도가 A부터 E까지 나누어지고, 성적표에 기록됩니다. 중등 성적이 뭐 중요한가 싶겠지만, 특목고를 희망하는 학생들에게는 중요한 기준이 될 수 있습니다. 우리 아이가 특목고를 안 간다는 보장이 있을까요? 다양한 선택지를 통해 미리 대비하는 것이 미래에 훨씬 유리합니다.

이렇게 시간에 쫓기다 보니 내면의 그릇을 키우는 일, 독서, 사고력 수학, 영재원, 영어 회화 등은 뒤로 밀릴 수밖에 없습니다. 당장 평가에 반영되지 않으니까요. 그렇다면 당장 평가에 반영되는 것은 무엇일까요? 네! 바로 교과 수업입니다. 학교 수업 시간을 중심으로 학습 시간을 배분하고, 시험 기간에 집중적으로 공부를 하지요. 그 과정에서 절대적인 교재가 바로 교과서입니다. 교과서를 읽는 것은 수업을 듣는 것과 같습니다.

교과서 제대로 읽기

수년간 교육과정의 변화를 지켜보며 교과서라는 교재의 특수성에 대해 알려 드리고 싶었던 적이 많았습니다. 교육 전문가들이 흔히 '교과서를 열심히 읽어야 합니다.'라고 말하거나 서울대 합격생들이 '교과서만 봤어요.'라고 말하는 것을 보며, 중요한 핵심이 자칫 잘못 전달될 수 있다고 생각했습니다. 핵심은 글자 그대로 교과서'만' 읽어 내려간 것이 아닙니다. 교과서 공백이 많은 책입니다. 만들어지기까지 수많은 사람들의 노고가 들어갔으며,

국가에서 검정 승인까지 해 준 책이니 '얼마나 완벽하고 좋은 책일까' 생각하실 겁니다. 물론 부인하지는 않겠습니다. 다만 우리나라 교과서는 분량을 제한하고 있습니다. 분량이 곧 학습량이라고 판단하여 분량을 줄이는 일이 학습량을 경감하는 것과 같다고 인식합니다.

교과서에는 많은 부분이 생략되어 있습니다. 그런 이유로 교과서를 제대로 읽는 것은 첫 페이지부터 마지막 페이지까지 읽는다는 의미가 아닙니다. 교과서를 제대로 읽는 것은 행간을 채우는 일입니다. 가장 먼저 교과서의 여백을 채우는 방법은 학교 수업을 잘 듣는 것입니다.

교과서는 가정에서 자기 주도 학습을 하는 학습자를 위해 만든 책이 아니라 교실에서 교사가 사용할 목적으로 만들어진 책입니다. 그러므로 교사의 보충 설명이 반드시 필요합니다. 하지만 한정된 수업 시간 안에 깊이 있는 내용까지 모두 다루기는 어렵습니다. 거기서부터 학생들 간의 차이가 생깁니다. 부족한 부분을 채우기 위해 어떤 학생은 학원을 이용하고, 어떤 학생은 자습서나 문제집을 이용합니다. 온라인 강의도 활용할 수 있지요. 이런 과정을 통해서 강의, 문제집 등으로 공부한 내용을 한 권의 책이나 노트에 요약 정리하는 '단권화'를 합니다.

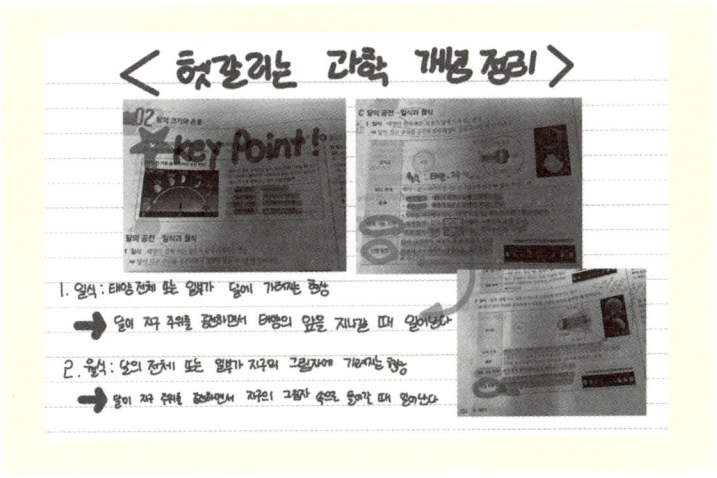

단권화를 통해 꼼꼼하게 교과서의 여백을 채우고, 추가한 내용을 여러 번 읽은 학생은 당연히 지필고사에서 높은 성적을 받을 수 있습니다. 여백이 채워지지 않은 교과서를 10번, 20번 읽어 봐야 소용이 없습니다. 그렇게 글만 읽는 것은 조직화에 도움이 되지 않습니다. 개념을 이해하는 것까지는 가능할지 몰라도, 활용하기에는 부족합니다. 그렇다면 수학 교과서는 안 봐도 될까요? 요즘 고등 수학 교과서를 보면 실생활과 연계한 스토리텔링이 무척 잘되어 있습니다. 시험에서 어려운 킬러 문제가 변별력을 주지만, 교과서에 나오는 쉬운 문제에 발목이 잡히는 경우도 있다는 걸 잊지 말아야 합니다. 서울대 합격생들이 말하는 "교과서'만' 읽었어요."

의 의미를 다시 생각해 보기 바랍니다.

시험 대비를 위한 연습

열심히 교과서를 읽고, 노트 정리, 구조화를 해 보아도 다음 두 가지를 하지 않으면 시험에서는 백전백패입니다. 바로 암기와 문제 풀이입니다. 사실 중등 성적은 누가 이 두 가지를 더 많이 했느냐로 갈립니다. 물론 고등까지 내다보고, 학습 습관을 잡는다는 차원에서 반드시 교과서 단권화가 선행되어야 한다는 점은 잊지 마세요.

객관식 시험에서 정확한 정답을 골라내기 위해서는 중요 정보에 대한 암기가 반드시 필요합니다. 그리고 암기를 통해 교과서의 많은 내용을 머릿속에 넣었다고 해도 출력 연습을 충분히 하지 않으면 실전에서 실력 발휘를 하기가 어렵습니다. 그런 점에서 실제 문제를 풀고, 오답 정리를 하면서 부족했던 이론을 다시 학습하고 문제를 푸는 과정을 반복해야 합니다. 대체로 중학교에서는 시간에 쫓기는 일은 없지만, 실제 시험 시간에 맞춰 문제를 푸는 연습도 많은 도움이 됩니다.

불안과 두려움에서 벗어 나자

중학교 입학에 대해 막연한 두려움이 있다면 구체적인 대안을 읽어 보며 불필요한 불안을 걷어 냈으면 합니다. 부모의 불안이 아이에게 전가되는 경우가 많기 때문에 구체적인 정보를 알고 아이에 맞게 대안을 하나씩 마련해 나가는 게 훨씬 현명한 대처법입니다. 초등 때 꾸준히 그릇을 키웠더라도 위의 내용을 제대로 실천하지 못했다면 중학생이 된 후 아쉬운 결과가 나올 수 있기 때문입니다. 학원에만 의존하는 공부가 아니라 교과서부터 제대로 읽고, 학교 수업 시간을 충분히 활용한다면 중등 생활은 성공적이라고 할 수 있습니다.

수행평가 준비는
전략적으로

중학생이 되면 초등 시기와는 많은 것이 달라집니다. 중등 시기에는 당장 중간고사, 기말고사와 수행평가를 치러야 합니다.

'중간고사와 기말고사는 알겠는데, 도대체 중학교 수행평가는 무엇이 다를까?'

궁금하다면 학교알리미 사이트에서 인근 중학교를 검색해 보세요. '학년별 전 과목 교수·학습 및 평가 계획 항목'을 보면 작년의 과목별 평가 계획서를 확인할 수 있습니다. 수행평가 비율과 어떤 수행평가를 했는지도 알 수 있습니다. 이 정보만 제대로 읽을 수 있어도 중학교 미리 보기는 끝났습니다.

한때 시행되었던 자유 학년제는 없어지고 현재는 자유 학기제로 통일되었습니다. 자유 학기제가 시행되는 학기는 학생의 진로 탐색 기간으로, 지필고사를 치르지 않습니다. 종종 자유 학기제가 1학년 1학기에 고정되어 있다고 오해하는 일이 있습니다. 자유 학기제 운영은 학교장 재량입니다. 주로 1학년 1학기에 시행하지만 1학년 2학기나, 3학년 2학기에 시행하기도 합니다.

그러니 진학할 학교의 자유 학기제가 언제인지 확인하여 지필고사 시기를 확인하셔야 합니다. 일부 학군지에서는 1학년 1학기부터 시험을 보고 어느 정도 학업 성취도를 확인하려는 학교도 있습니다. 면학 분위기를 조성하기 위해서지요. 지필고사가 없다고 해서 평가가 없는 것은 아닙니다. 과정 평가인 수행평가를 치르게 되는데요. 수행평가는 논술 또는 구술 형태로 보는 것이 대부분입니다. 그렇다면 수행평가, 어떻게 준비해야 할까요?

수행평가는 이렇게 준비해야 한다

수행평가의 경우 학년 초에 평가 계획서와 함께 평가 기준이 함께 제시됩니다. 채점 기준을 명확하게 제시하고 아이들에게 시험 전에 미리 고지합니다. 보통은 교과 선생님이 수업 시간에 공지하고 교실 게시판 등에 게시합니다. 반별로 수행평가 기간, 과목, 범위를 알려 주는 알리미를 두기도 하며, 이는 학급 임원들이 맡아서 관리하기도 합니다.

수행평가는 일정이 몰려 있기 때문에 놓치는 경우가 있고, 특히 중등 1학년은 시험이 처음이라 많이 긴장될 것입니다. 하지만 명확한 평가 기준이 제시되고, 미리 집에서 준비할 수 있는 충분한 시간을 주기 때문에 성실하게 준비를 한다면 무리 없이 잘 해낼 수 있을 것입니다. 다만 명확한 용어 활용, 수행 지침 등 지켜야 할 평가 기준이 확실하기 때문에 벗어나는 경우 감점될 수 있습니다. 하지만 이 역시 모두 고등학교 가기 전 연습이자 적응하는 과정입니다. 처음부터 만점을 받기보다는 만점을 받기 위해 어떤 요소가 필요한지 배우는 과정이라고 여겨 주세요.

✖ 과목별 수행평가 예시

| 과목 | 유형 | 지필고사 | | | 수행평가 | 계 | |
	학기	선택형	서술형 논술형	소계	실기 시험, 실험 실습, 탐구 보고, 개별·모둠 활동, 말하기·듣기·쓰기, 독서 활동, 포트폴리오 등	소계	
국어	1	-	-	-	비유와 상징을 활용하여 시 창작하기, 주장하는 글쓰기, 한 학기 한 권 읽기, 단원별 과제 수행 포트폴리오	-	-
	2	60	-	60	한 학기 한 권 읽기(20), 단원별 과제 수행 포트폴리오(20)	40	100

도덕	1	–	–	–	나의 도덕적 사용 설명서, 배려에 대한 감사 편지, 성찰 일지	–	–
	2	50	–	50	옴부즈맨 프로젝트(40), 성찰 일지 (10)	50	100
사회	1	–	–	–	국제 사회 이슈 연구, 여행 팸플릿 만들기	–	–
	2	60	–	60	문화의 이해(25), 학습 설계 활동지 (15)	40	100
수학	1	–	–	–	단원별 성취 능력 및 사고력 평가 Ⅰ, Ⅱ, Ⅲ	–	–
	2	60	–	60	서·논술형 평가 Ⅰ(15), 서·논술형 평가 Ⅱ(15), 수학 노트 작성(포트폴리오)(10)	40	100
과학	1	–	–	–	물질의 상태 변화, 태양계	–	–
	2	54	6	60	실험A(8), 실험B(8), 실험 자료 해석 A(12), 실험 자료 해석B(12)	40	100

✖ 수행평가 기준 예시

[국어] 갈등 해결을 담은 연극 대본 작성하기

영역	평가 척도		
갈등 해결을 담은 연극 대본 작성하기 (프로젝트)	성취 기준		[9국05-03] 갈등의 진행과 해결 과정에 유의하며 작품을 감상한다.
	평가 기준	상	서사적·극적 갈등의 진행과 해결에 대한 이해를 바탕으로 자신의 삶을 성찰하며 작품을 감상할 수 있다.
		중	서사적·극적 갈등의 진행과 해결 과정을 바탕으로 작품의 의미를 이해할 수 있다.
		하	서사와 극 갈래의 작품에서 갈등의 원인과 해결 과정을 파악할 수 있다.

평가 요소	채점 기준	점수
언어 폭력 또는 학교 폭력과 관련된 갈등 찾기	언어 폭력 또는 학교 폭력과 관련된 갈등 상황을 찾아 일목요연하게 정리하고, 갈등의 양상을 알맞게 분류할 수 있다.	8
	언어 폭력 또는 학교 폭력과 관련된 갈등 상황을 찾아 비교적 적절하게 정리하고, 갈등의 양상을 알맞게 분류할 수 있다.	6
	언어 폭력 또는 학교 폭력과 관련된 갈등 상황을 찾아 부분적으로 정리하고, 갈등의 양상을 알맞게 분류할 수 있다.	4

갈등의 진행과 해결 과정이 드러나도록 내용 전개하기	갈등의 진행과 해결 과정이 일목요연하게 드러나도록 내용을 전개할 수 있다.	6
	갈등의 진행과 해결 과정이 비교적 적절하게 드러나도록 내용을 전개할 수 있다.	5
	갈등의 진행과 해결 과정이 부분적으로 드러나도록 내용을 전개할 수 있다.	4
희곡의 구성 요소가 드러나도록 연극 대본 작성하기	희곡의 구성 요소를 능숙하게 활용하여 대본을 구체적으로 작성할 수 있다.	6
	희곡의 구성 요소를 활용하여 대본을 비교적 구체적으로 작성할 수 있다.	5
	희곡의 구성 요소를 일부 활용하여 대본을 추상적으로 작성할 수 있다.	4
활동 참여 태도	모든 평가 요소에서 최하점에 해당할 경우 기본 점수	12
	수행 과제를 미제출(백지 활동지 포함)하거나 또는 자발적 미응시자인 경우	8
	학업 성적 관리 규정에 의한 미응시자(장기 미인정 결석)	0

출처: 학교알리미

평가 기준에서 보듯이 만점인 8점과 6점은 일목요연하게 정리했는지, 비교적 적절하게 정리했는지에 따라 정해집니다. 다소 불

명확한 기준처럼 보이지요. 하지만 수업 시간에 선생님이 특정 예시를 보여 주었거나, 교과서에 모범 답안 예시가 제시되었을 확률이 높습니다.

AI를 활용하여 유려한 문장으로 많은 양을 서술하는 것이 능사가 아닙니다. 평가 기준을 미리 확인하고 선생님께 구체적으로 질문하여 준비하는 것이 무엇보다 중요합니다. 수행평가는 말 그대로 학교 교과 시간에 배운 내용을 잘 수행할 수 있는지를 보는 것이지 교과 외 지식을 뽐내는 것이 아님을 인지하는 게 중요합니다.

발표는 기회,
질문은 필수

우리나라는 다양한 교육 활동을 할 수 있는 환경임에도 불구하고 학년이 올라갈수록 입시에 매몰되는 느낌을 받습니다. 그런데 최근 발표된 개정교육과정이나 대입 개편 내용을 보면 현행 입시가 조금씩 변화하는 걸 감지할 수 있습니다. 초등 학부모가 세세하게 대입의 변화를 알 필요는 없지만 큰 물줄기가 어디로 향하는지 예민하게 관찰할 필요는 있습니다. 그래야지 초등 시기에 우리 아이의 어떤 역량을 더 크게 키워 줄 것인지 방향성을 잡을 수 있기 때문입니다. 큰 방향성 중 하나가 바로 말하기와 쓰기입니다.

말하기와 쓰기라고 하면 좀 막연한 느낌인데요. 말하기와 쓰기를 발표, 토론, 질문, 논술, 면접이라는 말로 바꾸면 구체적으로 와 닿으실 것 같아요. 발표에 대해 생각해 볼까요? 초등 아이가 선생님의 질문에 손을 들고 대답하는 것도 발표지만, 주제에 맞는 PPT를 미리 준비해서 많은 사람들에게 자신의 의견을 이야기하는 것도 발표입니다. 고등학생이 되면 대입 면접을 치르고, 어른이 되면 회사에서 업무 보고를 합니다. 그런 기초 소양을 우리는 공교육에서 배웁니다. 학문과 공동체 생활의 기본을 익히고, 그것을 잘 표현하는 과정이지요. 이걸 어떻게 활용하여 아이의 무기로 쓸 수 있을까요?

나를 표현하고 싶은 사춘기 아이들

부모인 우리는 이미 모든 과정을 지나왔고, 그 과정들이 시간이 흘러 미화되었습니다. 또 인생을 적극적으로 살아내지 않으면 누구도 나를 대신해서 희생해 주지 않는다는 냉정한 현실도 잘 알고 있습니다. 그러다 보니 아이에게 막연하게 발표나 적극성을 요구하는 경우가 있지요. 우리 아이들은 계속 성장하고 있습니다. 여학생들은 빠르면 초등 5, 6학년부터 초경을 시작하며 그 시기에 맞물려 사춘기가 시작됩니다. 남학생들은 사춘기가 조금 늦게 오는 경우도 있지만 초등 고학년 무렵이면 서서히 자아가 강해집니다. 부모의 입장에서는 아이의 변화가 생소할 수 있지만 반드시 받아

들여야 하는 과정입니다. 저도 어렸을 때는 '우리 엄마도 이 시기를 지났을 텐데 왜 나를 이해하지 못할까?'라고 생각했지만 지금은 이해가 됩니다. 우리가 살아온 시대와 지금 아이들이 살아가는 시대가 다르고, 나의 기억은 조각조각 온전하지 않습니다. 그러니 내 아이를 완전하게 이해하기는 어렵습니다.

"중학교에 가면 더 적극적으로 발표해야 해.", "중학교에 가면 임원도 해 봐야지." 하는 부모의 압력은 아이에게 버거울 수 있습니다. 또래 압력이 훨씬 큰 시기이기 때문에 소위 튀는 행동을 하고 싶어 하지 않습니다. 그래서 학교에서는 판을 깔아 줍니다. 그게 바로 수행평가죠. 수행평가는 나만 하는 게 아니라 반 친구들이 다 하는 것이니 부끄러울 게 없습니다. 아이들도 자신의 존재를 드러내기 위해 "나 여기 있어요."라고 말하고 싶을 수도 있습니다. 하지만 자신을 표현하기엔 완벽하지 않은 자신이 부끄럽습니다. 아이를 위해 수행평가의 판을 노려 보세요.

부모의 도움은 최소한으로

중학생이 되면 PPT를 만들어서 발표하고 그 과정에서 친구들의 발표를 보며 누가 잘했는지 누가 별로였는지 동료 평가를 하기 시작합니다. 가정에서는 "다음엔 어떤 걸 보완하면 발표를 더 잘할 수 있을 것 같니?", "자료 조사할 때 엄마가 도와줄 부분은 없니?" 정도의 질문이면 충분합니다. 결국 아이가 해내야 하는 부분이기 때문입니다.

엄마가 대신 자료 조사를 해야 한다는 이야기가 아닙니다. 저는 미리 모아 둔 자료 중에서 기억을 더듬어 필요한 것을 찾아 주는 정도로 아이를 도와주었습니다. 앞서 말씀드린 토론이나 신문 스크랩 등을 통해 쌓아 둔 자료들 말입니다. 저는 블로그에 온라인으로도 자료를 모아 놓았는데요. 아이가 수행평가를 앞두고 어떤 주제에 대해 지금까지 했던 토론이나 기사 또는 자료를 찾아 달라고 할 때가 있어요. 예를 들어 예전에 갔던 음악회나 미술 전시회의 이름이 기억이 안 난다거나, 몇 학년 때 갔던 것인지 기억이 안 날 때가 있지요. 그때 제가 블로그에 해당 전시회의 사진이나 브로슈어, 전시 자료를 스크랩해 놓은 게 있다면 도움을 줍니다. 시기와 전시회 이름 정도요. 엄마가 직접 자료 조사부터 발표 PPT를 만들어 주는 것은 아이의 성장을 돕는 것이 아니라 방해한다는 사실을 꼭 기억하세요. 엄마가 대신해 주는 것이 당장은 1, 2점 높은 점수를 얻을 수 있을지 몰라도 아이 전체 삶에서는 마이너스입니다.

비판적 대화의 필요성

급하게 먹은 떡은 체하기 마련입니다. 발표나 모둠 토론을 갑자기 한다고 아이가 성장하는 것은 아닙니다. 피아제는 '아이의 사고는 호기심에서 출발한다'고 했습니다. 성장하는 아이와 함께 우리가 해야 할 것은 '답'이 아닌 '질문'을 찾는 것입니다. 좋은 답은 좋은 질문이 선행되어야 나올 수 있기 때문이지요.

초등 저학년 때 단순 호기심에서 시작된 질문은 성장하며 사고의 깊이가 더해집니다. 초등 시기에 습득한 지식이 연결, 확장되는 것이죠. 중학생은 비판적 사고가 발달하는 연령이기 때문에 질문을 통해 정보를 분석하고 비교하는 능력을 기를 수 있습니다.

대화 스킬도 중요합니다. 어른이 중심을 잡아 주는 대화가 되어야 합니다. 적절한 질문을 통한 대화로 아이의 좁은 시야가 점점 넓어지는 것을 경험하실 수 있습니다. 사춘기는 한참 사회에 비판적일 시기입니다. 질문을 통한 대화는 오히려 사춘기의 비판적 사고를 더 자극해서 긍정적으로 풀 수 있는 방안이기도 합니다.

그럼 어떤 질문을 던져 주어야 아이의 사고가 확장될까요? 제가 저희 아이들이나 학생 대상 수업을 할 때 늘 하는 질문을 알려 드리겠습니다. 가정에서도 질문을 수시로 던지고 아이와 대화를 이어가 보세요.

저희 집은 몇 년째 성악설과 성선설에 대해 의견을 나누고 있습니다. 예전에는 "난 성악설이 맞다고 생각해." 또는 "난 성선설이 맞다고 생각해."에서 출발해 결론도 늘 한쪽으로 치우쳤습니다. 그런데 올해 드디어 "성악설과 성선설이라는 이분법적 사고가 문제다."라는 새로운 시선이 생겼습니다. 아이의 의견이 발전한 것이죠. 이런 발전의 순간이 왔을 때 부모는 자신의 의견을 제시하기보다 기다리고 질문하는 것으로 충분합니다. 저는 내년에도 같은 질문을 할 생각입니다. 가정에서 이런 대화를 많이 나눠 본 아이는 다른 곳에서 질문을 받을 때 당황하지 않고 자신의 의견을 논리적으로 잘 설명할 수 있을 것입니다.

아이의 사고를 확장하는 대화 스킬

- 담백하게 질문하기
- 내 의견을 관철시키기 위한 유도 질문하지 않기
- 아이의 생각이 편협한 사고로 흘러가지 않는지 확인하기

✖ 아이의 사고를 확장하는 비판적 사고 질문

[이유와 근거] 왜 그렇게 생각했어?	[출처 확인] 그건 어디서 들은 정보야?	[자료의 정확성] 그게 정말일까? 확실해?	[단서 찾기] 글쓴이는 어떤 근거로 주장했어?
[출처 비교] 다른 자료는 확인해 봤어?	[모순 점검] 앞뒤가 맞지 않는 것 같은데?	[논리 흐름 점검] 주장과 근거가 잘 연결돼?	[논리 흐름 점검] 빠진 정보는 없어?
[조건 점검] 모든 경우가 다 적절해?	[타인의 입장 이해하기] 상대방의 입장 이라면 어떤 선 택을 할까?	[인물의 관점 바꾸기] 다른 인물이라 면 어떤 주장을 했을까?	[문화 차이] 다른 나라에서도 그 주장이 통할까?
[세대 차이 이해하기] 부모님도 같은 생각을 할까?	[시점 차이] 시간이 지난 후에도 같은 생각일까?	[가치 판단] 그 행동이 정말 옳다고 생각해?	[손익 판단] 이 내용이 모두 에게 공평해?
[비교 분석] 두 생각의 공통점과 차이점은 뭐야?	[편견 유무] 네 생각에 편견은 없을까?	[정보의 공백] 왜 이 부분은 강조하지 않았어?	[생각 변화 점검] 생각이 달라진 이유는 뭐야?

학생 자치회 활동은
협업의 장

2026학년도 수능 만점자는 총 5명이었습니다. 그중 광주 서석 고등학교 3학년 최장우 학생의 이야기가 특히 인상 깊었습니다. "국영수 중심으로 교과서만 가지고 공부했어요."라는 기존의 수능 만점자 인터뷰들과 달랐거든요.

저는 큰아이 학교에서 학부모 회장을 2년째 맡고 있습니다. 처음에는 부담이 컸지만, 지나고 보니 저에게도 아이에게도 도움이 되었지요. 일반적인 중등 학부모가 학교에 갈 일은 많지 않습니다. 저는 학부모 회장을 맡으며 학교를 자주 드나들었고, 이 과정에서 많은 것을 깨달았습니다. 이 이야기를 말씀드릴지 말지 고민이 많았지만, 수능 만점 학생의 인터뷰를 보고 '아, 이건 꼭 알려 드려야 겠다.'고 마음을 바꾸었습니다.

역량을 키우는 학생 자치회

최장우 군은 전교 학생회장뿐 아니라 광주 지역 학생회 의장으로 활동했습니다. 특히 인상 깊었던 것은 인터뷰에서 사용한 어휘였습니다. 진로 이야기를 하면서도 '역량, 갈등 해결, 가치, 대안 제시, 필수불가결한, 효율성, 구조적 개선'과 같은 어휘를 자연스럽게 사용하더라고요. 이는 이 학생이 자치회 활동을 통해 이미 많은 것을 연습해 온 결과로 느껴졌습니다.

가능하다면 아이가 학생 자치회에 참여하도록 지도해 보시길 추천합니다. 대의원회는 각 반의 임원으로 구성된 조직이고, 학생 자치회는 별도로 운영됩니다. 학교마다 학칙이 조금씩 다르지만, 대부분 학기 초 동아리를 선택하는 시기에 자치회 가입이 가능합니다.

자치회에서는 학교의 사소한 규칙 제정부터 축제, 졸업식 등 굵직한 학교 행사에 폭넓게 관여합니다. 이 과정에서 아이들은 자기 표현, 소통 능력, 책임감을 자연스럽게 익힙니다. 특히 전교 학생회장이나 부회장을 맡으면 학부모회와 함께 교복 업체 선정, 세부 학칙 개정 과정에 참여하게 됩니다. 학칙을 읽고, 규정을 검토하고, 법률 조항처럼 생긴 문서를 해독하고, 의견을 제시하며 독해력, 사고력, 분석력, 비판력이 자연스럽게 길러집니다. 이는 교실 수업이 아닌 생활 속에서 이루어지는 배움이죠.

두 가지 토끼를 잡는 자치회 활동

흥미로운 점은 이렇게 적극적으로 학교 활동에 참여하는 학생들이 성적도 상위권을 유지한다는 사실입니다. 이는 곧 뛰어난 시간 관리 능력, 자기 관리 능력을 갖추었다는 뜻이기도 합니다. '쓸데없는 활동을 하느라 공부에 방해된다'고 생각하지 말아 주세요. 별도의 논술 학원을 다니거나 가정 내 토론 활동 없이도 공교육에서의 경험을 통해 필요한 역량을 기르는 중이니까요. 초등 시기에 임원 경험이 필요하다고 말씀드린 것과 일맥상통합니다. 전교회장이나 부회장이 아니더라도 자치회 일원으로 참여하는 것만으로 많은 것을 배울 수 있습니다. 학교의 작은 학칙 하나를 바꾸는 과정만 하더라도 학교와 학생, 학부모, 교사 간의 이해와 소통, 갈등 해결을 몸소 배울 수 있습니다.

사교육을 하나 더 늘리는 것보다 책임이 따르는 경험을 해 보는 것이 더 큰 자산이 됩니다. 단순히 고등에서 생기부 항목을 채우기 위해 임원에 도전하기보다 아이들이 중등 시기에 협업 역량을 미리 경험할 수 있도록 이끌어 주세요. 중등 시기의 경험이 고등 시기의 학습과 리더십, 두 가지 토끼를 다 잡는 힘이 될 것입니다.

중학교 방학,
선행으로 앞서가자

제 조카는 고교 학점제의 첫 적용 대상인 2009년생입니다. 고교 학점제가 좋다, 나쁘다, 실패다, 성공이다를 말하는 것이 아닙니다. 제도의 첫 시행이고, 워낙 큰 변화인데다가 결과를 예측할 수 없는 상황이다 보니 처음 겪는 2009년생들에게는 아무래도 리스크가 존재하겠지요. 반대로 어수선한 틈을 타서 더 좋은 대학에 갈 수도 있지만 불확실성이 큰 것은 사실입니다. 그렇기 때문에 다양한 대안을 놓고 서로 논의하고 대비해야 합니다. 그러나 조카는 그 대비가 안 되어 있었습니다.

조카는 이미 오빠가 대입을 치르는 것을 지켜봤고, 오빠가 다닌 고등학교에 진학할 예정이었습니다. 선례가 있으니 걱정이 크지 않을 것 같지만 고교 학점제가 변수였지요. 16살은 자신의 진로를 자신 있게 선택하기에는 이른 나이입니다. 진정한 선택에는 책임이 따라야 하기 때문이죠.

미래를 위한 최소한의 방패

"작은 엄마, 지금 수학 현행하고 있는데 괜찮아요?"라고 물었을 때 저는 선뜻 대답하기가 어려웠습니다. 초등 시기의 선행 학습은 선택입니다. 잘하는 아이들의 경우 미리 진도를 나가도 되고, 어려워하는 아이들의 경우는 현행 학습에 집중해도 괜찮습니다. 하지만 그게 중등 3학년이라면 이야기가 다릅니다. 이유는 중학교와 고등학교의 성적 산출 방식 차이 때문입니다. 중학교의 올 A라는 성적의 의미가 무엇인지부터 생각해 봐야 합니다.

성취도 A는 중간고사, 기말고사에 수행평가 점수까지 더해 평균 90점이 넘으면 받습니다. 평균 90점 초반까지 A를 받는 것이죠. 이 비율은 중학교를 기준으로 과목별로 30~40% 정도 됩니다. 모든 과목에서 A를 받으려면 확률은 좀 더 줄어들 것입니다. 그런데 이 아이들이 모두 같은 고등학교를 진학한다고 가정했을 때 모든 아이가 1등급을 받을 수는 없습니다. 1등급은 전체의 10%까지만 받을 수 있습니다. 그렇다면 과목별로 공부해서 10% 안에 들어

갈 수 있는 수준을 만들어야 합니다. 이론적으로는 가능해 보입니다. 하지만 고등은 중등 시기보다 학습량이 2배가 넘고, 변별력을 위해 심화 문제까지 풀 수 있어야 하기 때문에 쉽지 않습니다.

그렇게 치열한 고등 생활을 앞두고 현행 중 3 수학을 하고 있는 조카에게 괜찮다는 말을 해 주기는 어려웠습니다. 그래서 고등 생활의 현실을 설명해 주었습니다. 그러자 조카는 많이 속상해하더라고요. 미리 알았더라면 좋았을 거라면서요. 초등학교 때 중학교 공부를 어떻게 해야 하는지 미리 알았더라면, 중학교에 입학했을 때 고등학교에서 펼쳐질 미래를 미리 알 수 있었더라면 지금 이렇게 불안하지는 않을 거라고 말입니다. 그 말을 듣는데 정말 많은 생각이 들었습니다. 저는 대치동 한복판에서 컸고, 지금도 교육과 관련된 일을 하다 보니 주변에 교육 이야기를 하는 사람들뿐이었습니다. 그래서 가까운 곳에 당장 한치 앞도 모른 채 현행 공부만 하는 사람이 많다는 걸 인지하지 못했습니다. 그래서 문득 알려야겠다는 생각이 들더라고요.

과한 선행을 부추기고 학군지를 언급하면서 불필요한 불안감을 조성하는 이야기가 아니라 진짜 필요한 현실적인 이야기를 해야겠다고요. 이제 와서 손에 무기를 쥐어 주기는 어렵지만, 최소한 방패는 어디서, 어떻게 구하는지 알려 주고 싶었습니다.

제가 지금까지 이야기한 초등 때 갖춰야 할 역량을 기르는 것이 먼저입니다. 기본 역량인 그릇이 준비되어야 공부라는 물을 부을 수 있습니다. 그릇이 작으면 물을 충분히 부을 수 있는 타이밍이 와도 담지 못하기 때문입니다. 초등 시기에 다양한 역량을 키웠다면 중등 시기에는 지필고사와 수행평가를 치르며 현행 교육과정에 집중하는 것을 우선으로 해야 합니다. 시험 대비도 연습이기 때문입니다. 그렇다면 선행 학습이나 최소한의 예습은 언제 하는 게 좋을까요?

방학은 선행을 위한 둘도 없는 기회

한 학년에는 여름 방학과 겨울 방학 두 번의 기회가 있어요. 여름 방학은 점점 짧아지는 추세입니다. 보통 3주 정도 주어지는데 여름휴가를 다녀오면 사실상 2주밖에는 안 남습니다. 그래서 여름 방학 동안에 뭔가 끝내겠다고 계획하면 곤란합니다. 적어도 4주 정도의 시간을 확보하는 것이 중요한데요. 이를 위해서는 1학기 기말고사가 끝나는 날부터 여름 방학으로 보고, 개학 후 한 주 정도를 방학 시기에 포함시켜야 합니다. 이렇게 하면 얼추 4주의 시간이 나오는데 이때 본인이 부족한 부분을 채워야 합니다. 국어의 경우 비문학 독서, 영어는 중등 영문법 정리와 부족한 어휘 등을 메웁니다. 수학의 경우 다음 학기의 절반 정도는 진도를 나갈 수 있습니다. 4주간의 여름 방학 계획을 미리 세우고 내가 부족한 과목이나 영역을 보충합니다. 대신 여름 방학은 계획을 미리 철저하게 세우고 무리하지 않는 선에서 진행해야 합니다. 아무래도 야외활동이 많아지는 시기라 겨울 방학과는 분위기가 사뭇 다르기 때문입니다.

겨울 방학은 여름 방학과는 결이 다릅니다. 길게는 3개월까지도 시간을 확보할 수 있는 귀한 시간입니다. 게다가 여름 방학은 1학기에서 2학기로 학기가 바뀌는 시기이지만, 겨울 방학은 학년이 바뀌는 시기입니다. 다음 학년을 위해 준비해야 하는 시기이므로 절대 그냥 흘려보내서는 안 됩니다.

이는 초등 시기도 마찬가지입니다. 특히 예비 중학생, 예비 고등학생 등 상급 학교로 진급하는 시기에는 겨울 방학이 어느 때보다 중요합니다. 게다가 수학의 경우 3개월이면 다음 학기 분량을 충분히 끝낼 수 있는 시간입니다. 겨울 방학 동안 학년별로 최소한으로 해 두면 좋은 선행 학습을 제안드립니다. 다시 말하지만 선행 학습은 학생의 상황에 맞게 적용해 주세요. 다만 이 정도 준비는 해야 열심히 공부한 학생들이 정보 부족으로 손해를 보지 않을 수 있다는 말씀을 드리고 싶습니다.

✖ 겨울 방학 선행 학습 플랜

학년	과목	내용
초 6 (예비 중학생)	국어, 사회, 과학	EBS 중등 신입생 예비 과정
	영어	중 1 영문법
	수학	해당 학년 심화 또는 다음 학기 선행
중 1, 중 2	국어	독서 목록 정해서 미리 읽기, 중 1 국어 문법
	영어	중 2, 3 영문법
	수학	해당 학년 심화 또는 다음 학기 선행
	과학	이과를 희망하는 경우 약간의 선행
중 3	국어	고 1 모의고사 준비 및 고등 문학 개념어 학습
	영어	고 1 모의고사 준비 및 고등 어휘
	수학	고 1 모의고사 준비 및 공통수학1, 2
	과학	통합 과학 선행

제 조카는 저와 대화를 나눈 후 3학년 가을부터 선행 학습을 하기 시작하여 현재 고등학교 생활에 무리 없이 잘 적응하고 있습니다. 고등학생이 된 조카는 모의고사를 준비할 시간이 부족하다고 이야기했습니다. 단순히 중등 수준의 문제 형태나 시험에만 익숙해지면 고등 공부 방식에 차이가 커져서 따라잡기 힘들다는 것을 몸소 느끼고 있었습니다. 중등 시기에는 선행 학습으로 고등 진학을 위한 최소한의 방어를 할 수 있도록 도와주시기 바랍니다.

10번의 시험은
고등 예행 연습

중학교 3년 동안 우리 아이들은 총 10번의 시험을 치릅니다. 자유 학기제 한 학기를 제외하면 총 5개의 학기를 보냅니다. 수행평가도 평가지만 여기서는 중간고사와 기말고사만 언급하겠습니다. 초등 시기는 역량을 키우는 시간이고, 평가보다는 참여가 중심이었습니다. 하지만 중등 시기에는 단순 참여자, 관찰자가 아니라 성과를 내고 평가받는 입장이 됩니다. 초등까지는 없었던 객관적으로 수치화된 성적을 받는 시기이기도 합니다.

최종 목표인 고등에서 좋은 성과를 내기 위해서는 중등 수준의 공부에 머무르면 안 된다는 이야기를 드렸습니다. 하지만 사실 대부분의 아이들은 상위 30%에 도달하지 못하여 성취도 A 이하의 성적을 받는 것이 현실입니다. 그러니 중등 시기에는 중등 수준의 학습을 잘 수행하는 것도 하나의 목표가 될 수 있습니다. 아이들은 첫 시험 이후에 성적을 유지하거나 상승하는 과정에서 수없는 실패와 성공을 경험하며 성장합니다. 한 번도 빠뜨리지 않고 만점을 받는 아이는 거의 없습니다. 그러니 실수하더라도 격려하고 다음을 기약하면 됩니다. 그 연습 무대가 10번이 있는 거지요.

중학교에 입학해서 공부 방법을 잘 몰라 생각했던 것만큼 결과가 나오지 않을 수 있습니다. 혹은 노력했지만 생각보다 시험이라는 게 만만치 않을 수도 있습니다. 게다가 스스로 계획을 짜고 수행평가도 챙겨야 합니다. 초등 시기에 습관이 잘 잡혀 있다면 중학교 생활에 적응하는 것은 크게 어렵지 않습니다. 하지만 초등 때 제대로 경험하지 않은 시험을 치르는 과정은 생소해서 시행착오를 많이 겪습니다. 예행 연습이니 괜찮다고는 하지만, 그래도 이끌어 주는 누군가가 있다면 훨씬 수월할 겁니다.

학원 주도보다는 자기 주도

사춘기가 제대로 온다는 중등 2학년. 생각보다 부모와 아이 모두 힘든 시기를 보내는 가정이 많습니다. 공부는 일찍 철든 아이들이 성실하게 잘 해내는 영역인 것 같기도 합니다. 그래서 이 시기

부모들은 자기 주도 학습은 초등 때 많이 시도해 봤지만 쉽지 않았다면서 다시 학원을 찾아 발품을 팝니다. 저 역시 다양한 학원을 경험하면서, 학원이란 보조를 받을 수 있는 기관임은 인정하지만 아이가 스스로 하지 않으면 그조차 무용지물이라는 것을 동시에 깨달았습니다. 중등 시기는 스스로 도전하며 어디까지 자신의 역량이 도달할 수 있는지 확인하는 때입니다. 부모는 아이를 전적으로 학원에 맡기기보다는 자기 주도적으로 풀어갈 수 있도록 도와주는 조력자 역할을 해 주시면 좋겠습니다.

중학생 아이들이 가장 막막해 하는 것 중 하나가 시험 계획표를 짜는 일입니다. 수행평가 일정까지 챙기려면 정신이 없지요. 이러한 이유로 자유 학기제가 1학년 1학기에 있는 건 아주 소중한 경험입니다. 1학년 1학기는 아이들이 초등과 달라진 환경, 담임 선생님 이외에 교과목 선생님과의 소통 방법 등을 배우는 시기이거든요. 첫 시험이 막막하다면, 계획표 짜는 걸 알려 주는 유튜브 채널들이 있습니다. 초등 시기에는 다양한 배경지식을 쌓는 것에 집중했다면 중등 이후에는 아이가 스스로 보고 참고해서 적용할 수 있는 구체적인 대안이 필요합니다. 참고할 만한 유튜브 채널을 과목별로 안내해 드리니 살펴보시길 바랍니다.

공부 습관 및 계획표 수립에 도움이 되는 유튜브

① 구슬쥬Joo

내신 1등의 공부법, 과목별 공부법 등 현실적인 공부
노하우를 소개하는 채널. '내신 점수를 올릴 수 있는
계획 세우기' 방법을 자세하게 설명하고 있어 처음
계획표를 짜는 학생들도 쉽게 따라해 볼 수 있다.

② 스튜디오 샤

서울대학교 학생들이 자체적으로 운영하는 채널. 서
울대생들의 공부 방법부터 공부 습관 잡는 플래너
활용법, 필수 앱 등 실용적인 내용을 다루고 있다.

③ 연고티비

미래에 대해 고민하는 중·고등학생들에게 먼저 그 과
정을 거쳐온 연세대학교, 고려대학교 선배들이 친근
하고 재미있게 입시와 학교생활에 관해 알려 준다.

과목별 학습에 도움이 되는 유튜브

① 은혜로운 과학 생활

현직 중학교 과학 선생님이 운영하는 채널로, 중1 부터 고3까지 단원별 과학 강의 영상이 업로드되어 있다. 실제 교과와 연계된 수업 내용이므로 교과서를 펴 놓고 복습, 예습할 때 활용할 수 있으며, 중학교 과학을 가볍게 살펴볼 수 있다.

② 림쌤의 10분 역사

중·고등학생을 대상으로 역사 교과의 핵심 개념을 필수 암기 내용을 위주로 10분 정도로 간략하게 정리한 채널. 암기해야 할 내용이 많고 문제 풀이가 필수적인 역사 교과의 핵심을 짚는 공부에 도움이 된다.

나만의 공부법을 찾기

중등 시기는 나만의 공부법을 만들고 찾아가는 시간입니다. 교과서를 얼마나 자세히 읽어야 하는지, 예습과 복습 중 무엇이 더 필요한지, 평가 문제집이나 자습서를 보는 게 도움이 되는지, 어떤 시험 대비 교재가 잘 맞는지 등을 알아 가는 시기지요.

저도 아이를 키우면서 제 아이에게 맞는 방법을 찾는 과정을 경험했습니다. 유튜브 채널에서 이야기하는 계획표도 같이 써 봤고, 전교 1등의 학습법도 시도해 봤지만 저희 아이에게 적합한 방식은 따로 있더라고요. 그건 시행착오를 통해서만 얻어지는 결과물입니다. 그러니 실패해도 부단히 노력하는 시간이 필요합니다. 아이가 지난번 수학 시험에서 나온 점수가 시험 대비 문제집을 두 권 풀어서 받은 점수라면 다음에는 세 권을 풀어보는 시도를 하면 됩니다. 이번에 오답 정리를 덜 했다면 다음에는 오답을 꼼꼼히 정리하는 시간을 확보하면 됩니다.

오히려 대충 공부했는데 좋은 성적이 나오는 게 장기적으로는 더 안 좋습니다. 내가 얼마만큼의 노력을 해야 일정한 결과가 나오는지 시뮬레이션을 해 볼 수가 없기 때문입니다. 그런 경우에 운이나 실수로 치부하고 가장 잘 나왔던 시험 점수만 생각하면서 여전히 자신만의 공부법을 찾지 못한 채로 고등에 올라가게 됩니다.

아이가 학원에서 현행 수준으로 공부하며 시험 대비만 한다면 과감하게 멈추어야 합니다. 그 정도는 집에서 혼자 준비해도 내신 성적이 충분히 나올 수 있으니까요. 하지만 학원 수업이 고등 수준까지 깊이 연계되어 있다면 그 시간은 사실 단순한 내신 대비 기간이 아닙니다. 그러니 학원 선생님과 지속적으로 상담을 해서 어떤 방식으로 학습하는지 챙겨 보기를 바랍니다.

제가 제시한 공부법이나 추천 채널, 가이드 양식 등도 결국 예시에 지나지 않습니다. 좋은 예시를 보는 것 자체는 의미가 있기 때문에 참고하는 것은 좋습니다. 아무리 좋은 예시라도 우리 아이에게는 맞지 않는 경우가 있습니다. 그럴 때 좋은 예시 전체를 버리기보다는 예시를 기반으로 나만의 것으로 DIY 하는 것이 시간, 에너지, 비용을 절약하는 길이랍니다. 중등 시기는 초등 때 키운 역량에 자기만의 방식으로 연습량을 채우는 시기입니다. 실전인 고등 때 아웃풋으로 보답받는 그날까지 보이지 않는 노력을 응원합니다.

미리 알아 두면 좋은
중등 생활

1. 달라지는 학교 시스템

늘어나는 수업 시간	초등 시기에는 **40분**이었던 수업 시간이 중등 시기에는 한 교시당 **45분**으로 **5분** 늘어난다. 5분 차이지만 수업 난이도와 학습량이 늘어나는 것이므로 체감 시간은 훨씬 길어질 수 있다. 집중력을 늘릴 수 있도록 미리 습관을 잡는 것이 좋다.
빨라지는 등교 시간	등교 시간이 초등 시기보다 10분 정도 빨라지고, 전체 수업 시간도 늘어난다. 입학 전, 취침 및 기상 시간을 미리 조절해서 몸이 자연스럽게 적응하도록 하는 것이 좋다.
이동 수업	모든 수업을 한 교실에서 듣지 않고 과목에 따라 교실을 옮겨 다녀야 하므로 소지품 관리가 중요하다.

교과 전담 교사 위주의 수업	한 명의 담임 교사가 아니라 과목별 전담 교사가 수업을 진행하므로 과목별 평가 기준을 파악해야 한다. 만약 학교생활에 어려움이 있다면 담임 교사에게 도움을 받을 수 있다.
자유 학기제	중학교 3년 중 한 학기 동안 진로를 탐색하는 시간으로, 1학년 1학기에 시행하는 경우가 많다. 1~4교시에 일반 교과 수업을 하고, 5~6교시에 주제·진로 선택 활동 등을 한다. 이 시기에는 시험이 없어서 '노는 시기'로 방치하면 학습 격차가 커질 수 있어 기본 학습 루틴을 유지하는 것이 좋다.
성취 평가의 변화	초등은 절대 평가로 '매우 잘함', '잘함', '보통', '노력 요함'의 4단계로 매겨진다. 중등은 자유 학기제 시행 학기에는 수행평가만, 그 외의 학기는 지필고사와 수행평가를 합산하는 방식(A~E)으로 평가된다.

2. 학교생활 똑똑하게 하기

과목별 노트 준비와 출력물 관리	교과목 수가 늘고, 과목별 수행평가가 있기 때문에 각각의 노트를 준비해야 학습한 내용을 정리하거나 수행평가 과제를 관리하기 쉽다. 수업 시간에 제공되는 학습 유인물도 많으므로 과목별로 바인더, 투명 홀더 등을 준비해 정리하는 습관을 들여야 한다.
수행평가와 과제 관리	수행평가는 결과만큼이나 성실도가 중요하므로 제출 기한을 지키는 것이 중요하다. 여러 교과의 과제가 쏟아지면 놓치기 쉬워 부모와 아이가 e알리미나 알림장 앱으로 함께 챙겨야 한다.
생활 기록부 관리	생활 기록부는 학생의 3년간 성과를 담은 종합 포트폴리오로, 고등학교 입시의 핵심 자료가 된다. 교과 성취도(성적), 과목별 세부 능력 및 특기 사항(세특), 행동 발달 사항, 동아리·자치·봉사활동 등이 기록된다. 진학하고 싶은 고등학교 입시 조건을 고려하여 생활 기록부에 기록될 활동을 하는 것이 좋다.

나만의 무기 만들기	협업 능력과 책임감을 보여 주는 학생회나 대의원회 활동 등의 자치 활동, 진로와 연결된 봉사 활동을 계획적으로 실천하는 것이 좋다. 봉사 활동 시간은 일반적으로 학칙으로 정해져 있다.
진로 검사 참고하기	학기 초, 진로 검사를 실시하는 경우가 많다. 결과지와 진로 담당 교사 상담을 통해 나의 성향과 진로 방향에 대해 탐색할 수 있다.
OMR 카드에 익숙해지기	중등 시험에는 OMR 카드를 활용한다. 마킹 실수 하나가 점수에 큰 영향을 줄 수 있으므로, 평소 문제 풀이 시간 중 5분은 마킹 시간으로 남겨 두는 연습이 필요하다.
챙기면 좋은 준비물	컴퓨터용 사인펜, 수정테이프, 스카치테이프, 텀블러 등 기본적인 문구류와 생활에 필요한 준비물을 구비해 두는 것이 좋다.

참고: 인천광역시교육청, 중1 입학 준비를 위한 학부모 교육 영상 "중학생 체크인"[Video], YouTube, https://www.youtube.com/watch?v=NU6JzvakAjg, 2023.